Alan Trefler

Der Bauplan für den digitalen Wandel

Alan Trefler

Der Bauplan für den digitalen Wandel

Revolutionieren Sie das Kundenerlebnis durch ständige digitale Innovationen

Aus dem Englischen von Birgit Reit

WILEY

WILEY-VCH Verlag GmbH & Co. KGaA

1. Auflage 2015
Alle Bücher von Wiley-VCH werden sorgfältig erarbeitet. Dennoch übernehmen Autoren, Herausgeber und Verlag in keinem Fall, einschließlich des vorliegenden Werkes, für die Richtigkeit von Angaben, Hinweisen und Ratschlägen sowie für eventuelle Druckfehler irgendeine Haftung.

© **2015 Wiley-VCH Verlag & Co. KGaA, Boschstr. 12, 69469 Weinheim, Germany**
Alle Rechte, insbesondere die der Übersetzung in andere Sprachen, vorbehalten. Kein Teil dieses Buches darf ohne schriftliche Genehmigung des Verlages in irgendeiner Form – durch Photokopie, Mikroverfilmung oder irgendein anderes Verfahren – reproduziert oder in eine von Maschinen, insbesondere von Datenverarbeitungsmaschinen, verwendbare Sprache übertragen oder übersetzt werden. Die Wiedergabe von Warenbezeichnungen, Handelsnamen oder sonstigen Kennzeichen in diesem Buch berechtigt nicht zu der Annahme, dass diese von jedermann frei benutzt werden dürfen. Vielmehr kann es sich auch dann um eingetragene Warenzeichen oder sonstige gesetzlich geschützte Kennzeichen handeln, wenn sie nicht eigens als solche markiert sind.

Copyright © 2014 by Pegasystems, Inc. All rights reserved.
Das englischsprachige Original erschien 2014 unter dem Titel »Build for Change. Revolutionizing Customer Engagement Through Continuous Digital Innovation« bei John Wiley & Sons, Inc., Hoboken, New Jersey.
All Rights Reserved. This translation published under license with the original publisher John Wiley & Sons, Inc.

Bibliografische Information der Deutschen Nationalbibliothek
Die Deutsche Nationalbibliothek verzeichnet diese Publikation in der Deutschen Nationalbibliografie; detaillierte bibliografische Daten sind im Internet über http://dnb.d-nb.de abrufbar.

Printed in the Federal Republic of Germany
Umschlaggestaltung: Susan Bauer, Mannheim
Gestaltung: pp030 – Produktionsbüro Heike Praetor, Berlin
Satz: inmedialo Digital- und Printmedien UG, Plankstadt
Druck und Bindung: CPI – Ebner & Spiegel, Ulm

Gedruckt auf säurefreiem Papier.

ISBN: 978-3-527-50854-9

Inhalt

Geleitwort **9**

Dank **13**

Kapitel 1: Die Kunden-Apokalypse **15**

    Große Erwartungen   *19*
    Es ist so einfach, Kunden zu verlieren   *21*
    Die unheilvolle Zukunft   *25*
    Provozieren Sie die Kunden?   *28*
    Willkommen im Albtraum   *29*
    »Verkaufen Sie mir nichts!«   *33*
    Anthropomorphismus   *40*
    »Ich will der Entdecker sein!«   *45*

Kapitel 2: Tod durch Daten **51**

    »Big Data« schaffen sogar noch größere Probleme   *55*
    Autopsie der »Kundenservice-Bewegung«   *56*
    Daten sind nichts weiter als Erinnerungen   *59*
    Selbstmord durch Daten   *62*
    Gruselige Datensammlung   *66*
    Hinter die Daten sehen   *70*

Kapitel 3: Urteilsfähigkeit und Wünsche hinzufügen **73**

    Daten im Kontext   *75*
    Vom Schwarz-Weiß-Bild zum Farbbild   *77*
    Urteilsfähigkeit in den Mix einbringen   *78*
    Qualität statt Masse   *84*
    Die Macht der Hypothese   *86*
    Next-Best-Action   *89*
    Adaptive Lernprozesse   *93*
    Organisieren Sie Ihre Erkenntnisse   *96*

Feedback-Schleifen 100
Absichten beruhen auf Gegenseitigkeit 101

Kapitel 4: Die Umsetzung mithilfe von Kundenprozessen ▪ ▪ ▪ ▪ ▪ ▪ ▪ ▪ ▪ ▪ ▪ ▪ 113

Die beste Methode für jede Interaktion mit Kunden 118
Der erste Eindruck 120
Nahtlose Kundenprozesse 123
Jenseits der Prozessmodelle 127
Abgrenzungen überschreiten 129
Auf Veränderungen vorbereitet 136
Ein HD-Panorama 139

Kapitel 5: Die Wandlung der Einstellung zur Technologie ▪ ▪ ▪ ▪ ▪ ▪ ▪ ▪ ▪ ▪ ▪ ▪ ▪ 143

Business gegen IT 147
Die Unordnung in den Systemen 149
Traditionelle Systementwicklung 153
Zombie-Systeme 158
Manuelle Systeme 160
Abtrünnige Systeme 163
Schatten-IT 165
Lässt sich die Lücke überbrücken? 166
Verzweifelte Maßnahmen 167
Ist agile Programmierung die Rettung? 170
Sind sie bereit für die Veränderung? 172

Kapitel 6: Die Befreiung von der Organisation ▪ 175

Hybridzüchtungen für Business und IT 176
Sprengen Sie die Fesseln der Kanäle und Silos 180
Die Neuausrichtung der Führungsetage 182
Die Neugestaltung des Kundenservice 184
Die neue Verkabelung der CFO-Funktion 189

Kapitel 7: Sie sind ihre Software – der digitale Imperativ 195

Die wichtigsten Überlebensregeln 199
Demokratisieren Sie die Technologie 200
Denken Sie in Schichten 202
Setzen Sie Analyse-Tools ein, um sich laufend
zu verbessern 209
Verwandeln Sie den Traum in Wirklichkeit 212
Der Druck wächst 216
Ihre nächsten Schritte 225
Jenseits der »Markendämmerung« 229

Anmerkungen **237**

Stichwortverzeichnis **243**

Geleitwort

So viel hat sich in der Unternehmenswelt verändert, auch und gerade in den letzten zwanzig Jahren. Zwei Veränderungen sind für dieses Buch von besonderer Bedeutung. Erstens erreicht heute dank der Allgegenwart der Technologie und der Ausdehnung des Internets die Macht der Kunden ein dramatisches Niveau. Dafür werden Sie auf den vor Ihnen liegenden Seiten zahlreiche Beispiele finden. Zweitens können Unternehmen nun ihre Prozesse so vollumfänglich digitalisieren, dass sie sich einer vollständigen digitalen Umwandlung unterziehen können und müssen. Nur so kann ein Unternehmen die Naht- und Reibungslosigkeit der Operationen erreichen, die heute für den Erfolg so wichtig ist. Im Zuge dessen muss sich das Unternehmen aber ganz darauf konzentrieren, wie es durch High-Tech und High-Touch die Kunden engagiert und auf ihre Erwartungen eingeht.

Dieses Buch beschreibt den Weg hin zu diesem Ergebnis.

Unterwegs warten einige Herausforderungen. Viele Unternehmen sind aufgrund ihrer früheren Ansätze bei der Systementwicklung in ihrer Technologie gefangen und können nun weder auf Chancen noch auf die Forderungen der Kunden reagieren. Dieses Problem lässt sich nicht einfach durch den Einkauf von Apps oder Software-Dienstleistungen lösen. Technologie und Prozesse müssen im Zuge der Digitalisierung enger integriert werden, und dazu muss wiederum die Trennung zwischen Informationstechnologie (IT) und den übrigen Abteilungen im Unternehmen aufgehoben werden. Im Zuge dieses Prozesses wird sich dann die gesamte Organisation verändern.

Die Menschen werden ihre Arbeit ganz anders betrachten: die Art der Arbeit und der Einbindung der Kunden, das Tempo der Arbeit und der Veränderung der Betriebsabläufe und schließlich die Erkenntnis, wie radikal die Leistung eines Unternehmens sich verbessern lässt, wenn Technologie und Prozesse richtig angewendet werden und die Mitarbeiter aus allen Abteilungen – IT und Operations – die Veränderungen gemeinsam vorantreiben.

Der Wandel der Denk- und Verhaltensweisen darf aber nicht auf die Mitarbeiter beschränkt bleiben. Bedeutende Veränderungen lassen sich nur erreichen, wenn die Führungskräfte und Manager im Unternehmen ihr Denken und Verhalten ebenfalls ändern. Das, was in der Vergangenheit der Schlüssel zum Erfolg war, ist es in Zukunft womöglich nicht mehr. Dies gilt vor allem für die Rolle der Informationstechnologie und ihr Management.

Vor zwanzig Jahren veröffentlichten Michael Hammer und ich das Buch *Business Reengineering: Die Radikalkur für das Unternehmen* und beschrieben darin »die drei C« – Customers (Kunden), Competition (Wettbewerb) und Change (Veränderung) – als die Kräfte, die Unternehmen auf furchterregendes, unbekanntes Terrain treiben. Unternehmen, die neu in einen Markt vordringen, heizen den Wettbewerb an, indem sie die Regeln verändern, während das Tempo der wirtschaftlichen Veränderungen selbst ebenfalls zunimmt. Währenddessen gewinnen die Kunden immer mehr die Oberhand in ihren Beziehungen zu den Anbietern, weil sie mehr Informationen und mehr Auswahl zur Verfügung haben und immer gebildeter und fordernder auftreten.

Unsere Thesen wurden in mancher Hinsicht als Vorhersage gewertet. All dies vollzog sich, während Unternehmen in ihren bürokratischen Strukturen und arbeitsteiligen Prozessen gefangen waren. Es waren vor allem die Kunden, die Veränderungen zwingend notwendig machten. Wir schrieben, dass sowohl die Unternehmens- als auch die Privatkunden genau wüssten, was sie wollten, was sie dafür zu zahlen bereit seien und wie sie es zu ihren Bedingungen erhalten könnten. Wir warnten, dass derartige Kunden es nicht nötig hätten, sich mit Unternehmen abzugeben, die diese erstaunliche Veränderung der Käufer-Verkäufer-Beziehung weder erkannten noch ernst nahmen: Sie würden dann einfach abwandern.

Heute ist es so weit, dass die Kunden genau das tun.

Wir plädierten für eine radikale Veränderung der Arbeitsweise mit einer Fokussierung auf die Neugestaltung der Unternehmensprozesse. Heute treten die von uns beschriebenen Phänomene offen zutage und verdeutlichen die Dringlichkeit dessen, was Sie in diesem Buch lesen werden.

Der Aufruf an die Führungskräfte und Manager, die Veränderungen in der Unternehmenslandschaft und die Bedeutung und Macht der Technologie endlich wahrzunehmen, ist keineswegs neu. Ich habe selbst dazu appelliert und höre den Aufruf seit Jahren. Neu ist jedoch der Ansatz zur Digitalisierung des Unternehmens, der in diesem Buch dargelegt wird. Es ist sehr wichtig, schnell zu handeln. Während die Kunden immer mehr Macht gewinnen, beschleunigt sich das Tempo des Wandels in der Wirtschaft. Es ist höchste Zeit, dass Sie sich radikale Gedanken darüber machen, welche Rolle die Technologie in Ihrem Unternehmen spielt und was sie leisten soll.

James Champy

Mitautor von *Business Reengineering: Die Radikalkur für Ihr Unternehmen*

Autor von *Reengineering im Management: Die Radikalkur für die Unternehmensführung*

Dank

Dieses Buch ist das Produkt eines jahrzehntelangen Austauschs mit vielen der fortschrittlichsten Organisationen der Welt. Ich möchte mich bei all den Klienten bedanken, die mir ihre Ansichten über anstehende Bedrohungen sowie ihre Reaktionen darauf – in der Unternehmensführung ebenso wie auf dem Gebiet der Technologie – mitgeteilt haben. Die Wege, die sie einschlugen, bilden die wahre Geschichte in diesem Buch, und es war ein großes Privileg für mich, aus erster Hand zu erleben, wie Erkenntnis und Innovation sehr differenzierte Erfolge hervorbringen können.

Das Festhalten und Ausarbeiten dieser Ideen war ein anspruchsvoller Prozess. Hier danke ich dem Team aus Brian Callahan, Scott Cooper (er überprüfte auch diese Übersetzung ins Deutsche) und Russell Keziere für ihre unschätzbar wertvolle Unterstützung.

Großer Dank geht auch an das Central Square Theater (www.centralsquaretheater.org) für die Organisation der Fokusgruppe, die in diesem Buch zitiert wird. Zu ihr gehörten die Schauspieler des Theaterstücks *Six Years Online* von Betsy Bard, alle im Alter zwischen 14 und 22 Jahren. Das Stück setzt sich mit der Frage auseinander, wie die sozialen Medien unsere alltägliche Kommunikation prägen.

Die Arbeit, die hinter diesem Buch steckt, wird fortgesetzt. Wir arbeiten weiterhin mit unseren Klienten an der Entwicklung neuer Technologien, die neue Methoden der Interaktion mit und der Einbindung von Kunden ermöglichen. Kommentare sind willkommen unter: alan.trefler@pega.com.

Alan

Cambridge, Massachusetts

1
DIE KUNDEN-APOKALYPSE

Viele Unternehmen auf der ganzen Welt werden in den nächsten Jahren sterben, und das nicht wegen schlechter makroökonomischer Bedingungen, sondern weil gerade jetzt eine ganze Generation neuer Kunden heranwächst, die mit ihnen keine Geschäfte machen wollen. Diese Unternehmen werden an einer Art *Kundenstress* zugrunde gehen. Manchmal wird ihr Tod die Folge von Wunden sein, die das Unternehmen sich selbst beibrachte und die es mit etwas mehr Klugheit hätte vermeiden können. In dem Fall ist es eine Art Selbstmord. In anderen Fällen handelt es sich um fahrlässigen Totschlag durch eine neue Generation von Kunden. Hin und wieder beschließen diese neuartigen Kunden jedoch auch, Unternehmen richtiggehend zu ermorden, weil sie ihrer Meinung nach endlich von ihren Leiden erlöst werden sollten. Es herrscht die *Kunden-Apokalypse*.

Wer sind diese Kunden? Ihre Vorfahren lassen sich zunächst einmal zu den Angehörigen der Millennium-Generation oder Generation Y zurückverfolgen. Die letztere Bezeichnung stammt aus dem Leitartikel einer Ausgabe der Zeitschrift *Ad Age* aus dem Jahr 1993, der die Teenager der damaligen Zeit und ihren Unterschied zur Generation X beschreiben sollte. Die Generation X umfasste die nach dem Babyboom geborene Generation, die der Schriftsteller Douglas Coupland so treffend charakterisierte.[1] Als *Ad Age* den Begriff der »Gen Y« prägte, bezog er sich auf Kinder, die damals höchstens zwölf Jahre alt waren und die im Lauf des folgenden Jahrzehnts zu Teenagern heranwachsen würden.

Die Bezeichnung »Millennium-Generation« wird in der Regel William Strauss und Neil Howe zugeschrieben. Sie prägten sie in 1991 erstmals veröffentlichten Schriften.[2] Vielleicht kennen Sie für diesen Personenkreis auch die Namen »Generation We«, »Generation Next« oder »Net-Generation« (»Generation Wir«, »Nächste Generation« oder »Internet-Generation«). Sie umfasst allein in den USA rund 75 Millionen Personen, die zu der Zeit geboren sind, als digitale Technologien erstmals für die breite

Masse verfügbar wurden, angefangen bei dem ersten Apple-Computer, dem IBM-PC und den ersten PC-Betriebssystemen von Microsoft. Daher wuchsen sie bereits mit digitaler Technik auf und erreichten gleichzeitig mit ihr die Volljährigkeit. Im Lauf ihres Lebens entwickelte sich die digitale Technologie zur Massenware, sodass sich ihre Erwartungen und die Art und Weise, wie sie miteinander interagierten, grundlegend veränderten. Außerdem war die Millennium-Generation es gewöhnt, dass die Eltern ihre Verabredungen mit Spielkameraden organisierten. Als Jugendliche betrieben sie Mannschaftssportarten, bei denen jeder Teilnehmer eines Wettkampfs eine Trophäe erhielt, egal, ob die Mannschaft gewonnen oder verloren hatte. Dieser »Ethos« spielt eine große Rolle für die Ausprägung ihrer Weltsicht und der Beziehungen, die sie als (potenzielle) Kunden zu Ihrem Unternehmen eingehen.

In einem 2004 veröffentlichten Artikel brachten Diane Theilfoldt und Devon Scheef ihre Eigenschaften treffend auf den Punkt. Die Angehörigen der Millennium-Generation sind (unter anderem) »selbst-erfinderisch/individualistisch«, sie »schreiben die Regeln neu«, sie halten Institutionen für irrelevant, ihre Welt ist das Internet, sie benutzen Technologie nicht nur, sondern »sie gehen davon aus«, dass die Technologie bei allem helfen soll, und sie sind zu »raschem Multitasking« fähig.[3]

Für diese Gruppe der »Millennium-Generation« oder »Gen Y« kristallisierte sich ein weiterer Name heraus: »Generation C«. Dieser Name eignet sich unter anderem deshalb so gut, weil Douglas Coupland – so unterhaltsam seine Ausführungen über die Generation X auch sind – leider den Fehler beging, einen Buchstaben auszuwählen, der im Alphabet fast am Ende steht. Noch wichtiger ist aber, dass der Name »Generation C« anders als »Gen X« oder »Gen Y« in sich bereits eine Charakterisierung enthält.

»Das C steht für CONTENT (Inhalt), und jeder, der auch nur einen Funken kreatives Talent besitzt, kann (und wird wahrscheinlich) Teil dieses gar-nicht-so-exklusiven Trends werden.«[4] Die Rede ist von den jungen Leuten, die im World Wide Web alle möglichen Inhalte produzieren, und die das vor allem genießen. Sie posten und bearbeiten. Sie sind die selbsternannten Redakteure der Wikipedia. Sie machten YouTube zu dem riesigen Inhalte-Pool, der die Website heute ausmacht.

Trotz ihrer relativen Jugend beeinflusst diese Gruppe alle Aspekte unseres Lebens und stürzt viele Unternehmen ins Chaos und Verderben.[5] Zur Generation C zählen allein in den USA 75 Millionen Personen, und sie wächst in großen Sprüngen weiter, insbesondere durch das Hervortreten neuer Wirtschaftsräume in großen Teilen der bisher noch weniger entwickelten Welt und durch wirtschaftliche Veränderungen in Ländern wie Russland, China und Indien. So ist die Generation C gerade dabei, zur größten Verbrauchergruppe der Welt heranzuwachsen.

Zu beachten ist jedoch, dass die Übergänge zwischen den in diesem Buch behandelten Generationen fließend sind. Die Generation C wurde erst wirklich eigenständig, als sich die Bedeutung des »C« leicht verschob, und genau diese Verschiebung führt uns zu der Beobachtung, dass es eigentlich eine Generation C-1 und eine Generation C-2 gibt, die gleichzeitig koexistieren. Die Angehörigen der Generation C-1, die zuerst da waren und meist eher passiv sind, sind in der Regel älter als die aktiveren Mitglieder der Generation C-2, die mehr oder weniger viel *veröffentlichen*.

Im Zuge der Evolution des mobilen Internets entwickelte sich auch die Generation C von *Content* (Inhalt) über *Communication*, *Computerisierung*, *Clicking* (Klicken) bis hin zum heutigen *Connected* (vernetzt). Die Generation C-2 entstand erst mit der *vernetzten Mobilität*. Dieser Teil der Generation C kam im Zuge der plötzlichen Demokratisierung der Kommunikation und des unmittelbaren Zugriffs auf personalisierte Massenkommunikationsmedien auf. Ein Beispiel dafür – aber bei Weitem nicht das einzige derartige Kommunikationsmedium – ist Twitter. Diese Leute nutzen Instant Messaging zum Aufruf von Flashmobs und stürzen unterdrückerische Regimes, wie es im »Arabischen Frühling« geschah.

Generation C-1 ließe sich als das Segment beschreiben, das *veröffentlicht* und *postet*, Generation C-2 dagegen als das *ping*-Segment der Gruppe. Die Mitglieder der Generation C sind von der asynchronen Kommunikation per E-Mail und Facebook zu einer ständigen, ununterbrochen vernetzten Interaktion übergegangen, die synchron und in Echtzeit stattfindet. Die Generation C-2 unterstützt gegenwärtig sogar die Abwendung von der E-Mail.[6] Relevanter für das Thema dieses Buches ist jedoch, dass die Generation C die Vernetzung an einen Punkt geführt hat, an dem es 10,5 Milliarden aktive Mitgliedschaften in mindestens 158 sozialen Gemeinschaften im Internet gibt – und dabei sind Facebook und YouTube noch nicht mitgerechnet, die beide jeweils eine weitere Milliarde Mitglieder zählen.[7] Die Generation C ist der Grund dafür, dass jedes Unternehmen mittlerweile eine Facebook-Seite und ein Konto bei Twitter hat, selbst wenn die meisten Mitarbeiter der Unternehmen, die diese Konten betreiben, wenig oder manchmal auch absolut keine Ahnung davon haben, was sie da tun.

Große Erwartungen

Die Generation C als Ganzes hat große Erwartungen, die für Unternehmen sehr große, neue Herausforderungen darstellen. Die Leute erwarten zum Beispiel, dass sie über Ihre Website Kontakt zu Ihnen aufnehmen und währenddessen vielleicht sogar mit einem Callcenter-Mitarbeiter sprechen können. Sie erwarten, dass Ihr Unternehmen sie ebenso wichtig nimmt wie sie sich selbst. Sie erwarten von Ihnen, dass Sie dasselbe wissen wie sie auch. Ihnen ist es völlig gleichgültig, ob bei Ihnen für

Produkte und Service jeweils getrennte Geschäftsbereiche zuständig sind. Wenn Sie das als Entschuldigung dafür anführen, dass Sie eine dumme Frage stellen müssen (ja, in deren Welt gibt es *viele* dumme Fragen), dann werden sie Sie nur umso intensiver hassen.

Kunden der Generation C verlieren schnell die Geduld, wenn Sie ihnen ein lahmes Produkt verkaufen wollen, für das sie sich nicht interessieren. Und wenn sie ein Problem haben, erwarten sie, dass Sie es auf sinnvolle Weise lösen.

Sollten Sie einen Generation-C-Kunden einmal enttäuschen, ist es nicht sicher, ob und wie Sie das erfahren. Im besten Fall für Ihr Unternehmen – der aber nicht besonders häufig vorkommt – findet der Kunde sich einfach damit ab und setzt seine bisherigen Geschäftsbeziehungen mit Ihnen fort. Viel wahrscheinlicher ist aber, dass er all seinen »Freunden« im Internet von seiner Enttäuschung erzählt und mitteilt, dass er nun einen anderen Anbieter sucht. Die Website Yelp ist bei Angehörigen der Generation C sehr beliebt. Vielleicht haben Sie dort selbst schon einmal ein Posting der folgenden Art gelesen:

> Super Falafel ausprobiert, neu bei mir ums Eck, totaler Mist. Nie wieder! Muffige Bedienung, alles lauwarm, keine Kartenzahlung. Ich entschuldige mich beim Falafel-Paradies, schon immer in der Nähe vom Büro. Seit Jahren meine Lieblings-Falafeln!

Das Posting wird von vielen Leuten gelesen – oft erhalten die Online-«Freunde« eines Absenders sogar bei jedem Posting kurze Benachrichtigungen. Sie schreiben fleißig Kommentare und beschreiben eigene Erfahrungen – und Sie können sich die Auswirkungen auf die betroffenen Läden und Unternehmen sicher vorstellen.

Einige der Freunde und Follower könnten sich sogar berufen fühlen, Inhalte zu erstellen. Dann teilen sie die Erfahrung beispielsweise auf einer Website mit, die nur zu dem Zweck ins Leben gerufen wurde, Ihr Unternehmen lächerlich zu machen.

Dort erscheinen dann zahlreiche Geschichten darüber, wie Ihr Unternehmen die Generation C enttäuschte. Dank der Generation C gibt es massenweise solcher Schmäh-Websites, die auch »Suck-Sites« genannt werden. Der Name ist von dem englischen Ausdruck »Company X sucks« (»die Firma X nervt total«) abgeleitet. Diese Seiten zeigen, wie groß der Ärger ist, der durch tatsächliche Erlebnisse ausgelöst wird.

Es ist so einfach, Kunden zu verlieren

Einige Unternehmen stellten sich von Anfang an sehr gut auf die Kunden der Generation C ein und sind bei ihnen sehr erfolgreich, beispielsweise Apple und Google. Doch für jede Erfolgsgeschichte gibt es auf der anderen Seite zahllose Unternehmen, die beim Umgang mit der Generation C alles falsch machen. Sie lassen sich in zwei große Kategorien einteilen: Die einen begehen zwar einen Fehler, bringen aber alles wieder in Ordnung, während die anderen den Kunden nicht zuhören und untergehen. In der Kategorie der untergegangenen Unternehmen betrachten wir stellvertretend Circuit City. Das Unternehmen wurde 1949 gegründet und eröffnete den allerersten Elektronik-Superstore. Das war etwa um 1970. Im Jahr 2009 liquidierte Circuit City dann sein letztes Ladengeschäft in den USA, nachdem das insolvente Unternehmen keinen Käufer gefunden hatte. Zum Zeitpunkt des Untergangs war das Unternehmen der zweitgrößte Elektronikhändler in den USA hinter Best Buy, das weiterhin existiert.

Was war schuld am Tod von Circuit City? Alan L. Wurtzel, der Sohn des Gründers, der das Unternehmen selbst von 1972 bis 1986 als CEO leitete und von 1986 bis 2001 zuerst stellvertretender Vorsitzender und dann Vorsitzender des Board of Directors war, meint, man habe nicht zugehört.

Seine Nachfolger »unterschätzten den Wandel des Verbrauchergeschmacks, die veränderten Einkaufsmuster und vor allem unterschätzten sie den schnellen Aufstieg von Best Buy«. In seinem 2012 erschienenen Buch über Circuit City[8] erklärte Wurtzel: »Eine der Lehren dieses Buches ist, dass man nicht auf die Wall Street, sondern auf die Kunden hören sollte.«[9]

Und was war mit Nokia? Der Riese aus Finnland war von 1998 bis 2012 der weltgrößte Anbieter von Mobiltelefonen, doch im September 2013 wurde die Mobiltelefonsparte für 7,2 Milliarden Dollar an Microsoft verkauft, und selbst diese Summe hielten einige Analysten, wie der bekannte Wirtschaftsjournalist James Surowiecki, für viel zu hoch, »weil sich der Geschäftsbereich ein Jahr [später] gut und gern als völlig wertlos erweisen könnte«.[10] Surowiecki erläutert: »Nokia überschätzte die Stärke seiner Marke« und »erkannte nicht, dass Marken heute nicht mehr so widerstandsfähig sind wie früher.«

Bemerkenswert ist, dass Nokia bereits sieben Jahre vor dem ersten iPhone von Apple ein ganz ähnliches Gerät entwickelt hatte. Als dann das iPhone auf den Markt kam, startete Nokia eine öffentliche Kampagne, die das neue Produkt aus konstruktions- und entwicklungstechnischer Sicht diskreditieren sollte. Insbesondere wurde Apple vorgeworfen, dass die Kunden den Akku nicht auswechseln könnten und dass das iPhone bereits kaputtgehe, wenn es aus einer Höhe von 1,50 m zu Boden falle. Doch da das erklärte Geschäftsziel von Apple darin besteht, die Kunden zu begeistern, nahmen diese die Beschwerden von Nokia nicht so wichtig.

»Im Hightech-Zeitalter«, so Surowiecki, »haben die Leute gelernt, laufend Innovationen zu erwarten. Wenn Unternehmen hier nicht mithalten können, werden sie schnell von den Kunden bestraft.«

Auch die Buchhandelskette Borders wurde Opfer ihrer eigenen Unfähigkeit im Umgang mit Kunden der Generation C. Auf ihrem Höhepunkt unterhielt die einst sehr beliebte Kette über 500 Läden in den USA, doch im Februar 2011 reichte sie Insolvenz ein und begann mit der eigenen Liquidierung. Bereits im September desselben Jahres gab es Borders nicht mehr. Was war geschehen? »Das Unternehmen traf mehrere ungünstige Entscheidungen ... und passte sich nicht an die neuen Einkaufs- und Lesegewohnheiten der Verbraucher an«, schrieb Rick Newman, der Chef-Wirtschaftskorrespondent von *U. S. News & World Report*. Während Amazon erkannte, dass die Kunden massenweise zum E-Book greifen würden, und daher den Kindle und entsprechende Apps zu seiner Verbreitung entwickelte, ignorierte Borders die neue Technologie, »klammerte sich viel zu lange an eine veraltete Strategie und reagierte zu langsam, als flinkere Wettbewerber das Geschäft an sich rissen«.[11]

Die Buchhandelskette hatte einst Millionen treuer Kunden gehabt. Doch, wie Newman weiter ausführt: »Treue allein genügt nie.« Diese Botschaft ist auch für die weiteren Ausführungen in diesem Buch von großer Bedeutung.

In der Kategorie der Unternehmen, die noch nicht ganz verschwunden sind, befindet sich BlackBerry. Ende 2013 ließ sich das Unternehmen von einer kanadischen Holdinggesellschaft aufkaufen und von der Börse nehmen: »Ein Wendepunkt für ein ehemals hochfliegendes Hightech-Schwergewicht, das bei der Revolution durch Mobilgeräte eine Schlüsselrolle gespielt hatte, sich dann aber von Apple und Google ins Abseits drängen ließ.« Einst waren BlackBerry-Produkte besonders bei Unternehmenskunden allgegenwärtig, doch – wie es die Zeitschrift *Time* so treffend ausdrückte – das Unternehmen »hatte nicht vorhergesehen, dass die privaten Verbraucher – nicht die Unternehmenskunden – die hauptsächliche Antriebskraft der Smartphone-Revolution darstellten«.[12]

Dann gibt es noch die, die zwar Fehler begingen, sich aber wieder erholen konnten. Der jüngste Klassiker betrifft Netflix, ein Unternehmen, das sich mit seinen Geschäftsmethoden ganz der Idee der kollektiven Zusammenarbeit mit den Kunden verschrieben und die Video-Ladenkette Blockbuster vom Markt gefegt hatte. Dann, im Jahr 2011, hat Netflix einen entscheidenden Fehler gemacht. Das Unternehmen stellte sein Geschäftsmodell um, weil es die Kunden unbedingt auf das Online-Streaming umstellen wollte. Dabei ließ Netflix aber außer Acht, dass die vernetzten Kunden eigene Vorstellungen von der Art und Weise hatten, wie ihre Geschäfte mit der Firma aussehen sollten. Alles, was auch nur entfernt nach Zwang roch, betrachteten sie von vornherein als »böse«. Sie waren nicht bereit, sich ihr Verhalten von einer Firma diktieren zu lassen, selbst wenn diese Firma bisher ihr Liebling gewesen war.

Netflix verhielt sich taub und legte eine Reihe neuer Preisrichtlinien und Service-Beschränkungen fest. Auf diese Weise schaufelte sich das Unternehmen beinahe dasselbe Grab, in das es zuvor Blockbuster befördert hatte. Die Abonnenten wanderten scharenweise ab, doch glücklicherweise lernte das Unternehmen aus seinen schweren Fehlern und machte die Bedingungen rückgängig. Seither klettert es von Gipfel zu Gipfel und dominiert in den USA den Markt der Video-on-Demand-Abonnentendienste.

Das Netflix-Debakel vollzog sich auf den Plattformen der sozialen Medien, Blogs und überall dort, wo die neue Generation der vernetzten Kunden postet, chattet, diskutiert, nörgelt, empfiehlt und verurteilt. Das Unternehmen fiel der Generation C zum Opfer, denn diese bringt Erwartungen mit, wie sie Unternehmen zuvor niemals beobachteten. Netflix musste zurückrudern. Sollten Sie übrigens der Meinung sein, dass Websites, auf denen sich die Kunden über Unternehmen beschweren, keine Rolle spielen, dann sehen Sie sich einmal netflix.pissedconsumer.com oder amplicate.com/hate/facebook an.

In dieselbe Reihe wie Netflix können Sie auch die Stromversorger, Mobilfunkanbieter, die Kabelgesellschaften und alle anderen Unternehmen stellen, mit denen die Generation C zu tun hat und die schuld daran sind, dass diese Menschen am liebsten die Leitungen aus den Wänden reißen, das Handy in die Toilette oder das Fernsehgerät aus dem Fenster werfen würden. Diese Generation-C-Kunden wollen auf keinen Fall das Gefühl haben, dass Sie mit Ihren geschäftlichen Entscheidungen ihr Verhalten beeinflussen wollen. Sie lassen sich das nicht gefallen, wenden sich ab und erzählen es all ihren Freunden. Das war's dann – und Sie werden sehr wahrscheinlich keinen dieser Kunden je zurückgewinnen.

Es geht im wahrsten Sinne ums Überleben. Im Augenblick betrachten viele Unternehmen den Umgang mit Generation-C-Kunden einfach noch als eine Frage der Weiterentwicklung ihrer bestehenden Wertangebote und meinen, dass sie damit den bisherigen Wohlstand erhalten können. Glauben Sie mir, das wird nicht lange gut gehen. Es besteht ein großer Unterschied zwischen Wohlstand und Überleben, und wenn es einmal so weit ist, dass es ums nackte Überleben geht, wird es für viele Unternehmen bereits zu spät sein. In der Kunden-Apokalypse könnte es unmöglich sein, begangene Fehler wieder gutzumachen.

Die unheilvolle Zukunft

Wenn das, was Sie bisher gelesen haben, Ihnen Angst macht, dann sind Sie nicht alleine. Viele Unternehmen verspüren eine Untergangsstimmung, auch wenn sie oft den Grund nicht genau nennen können und nicht einmal erkennen, wie bedrohlich die Lage wirklich ist. Die meisten fürchten sich noch gar nicht vor dem drohenden Tod oder Zerfall, sondern haben einfach das Gefühl, dass ihnen die Kontrolle entgleitet.

»Sehen Sie jetzt nicht hin«, schreiben George Colony und Peter Burris von Forrester Research, »aber Ihr Unternehmen ist dabei, die Kontrolle zu verlieren. Diese Botschaft ist vielleicht noch nicht bei Ihren Führungskräften und den Teams im Bereich Technologie-Management angekommen, aber deren Kollegen im Marketing müssen sich bereits mit dem Problem auseinandersetzen. Am Steuer sitzt heute der Kunde.«[13] Forrester ist eines der weltweit führenden Unternehmen in der Unternehmens- und Marktforschung.

Im Folgenden beschreiben sie die drei Faktoren, die ihren Forschungen zufolge »zusammenwirken und dem Kunden die Oberhand verschaffen: (1) überall und allgemein verfügbare Informationen über Produkte, Dienstleistungen und Preise, (2) Technologien, mit deren Hilfe sie zu wahrnehmbaren, mächtigen Kritikern werden und (3) die Fähigkeit, jederzeit bei jedem beliebigen Anbieter zu kaufen«. Ja, genau das ist es … und noch viel mehr, wie Sie hier erfahren werden.

Colony und Burris zitieren auch Rick Wagoner, den ehemaligen CEO von General Motors, aus einer Rede bei einem Forrester Forum: »Früher ›hatten‹ wir die Kunden. Heute hoffen und beten wir, dass die Kunden uns ›haben‹ wollen.«

Was für eine dramatische Umkehrung der Kontrolle. Die wahre Bedrohung besteht darin, dass Ihr Unternehmen tatsächlich *sterben wird*, wenn Sie die Kontrolle verlieren und sie nicht sehr rasch zurückgewinnen – selbst wenn der Tod nur durch innerlichen Zerfall eintritt.

Wie sieht es aus, wenn ein Unternehmen zerfällt? Nun, Zerfall tritt ein, wenn Sie es nicht mehr schaffen, neue Angebote so auf dem Markt zu platzieren, dass Sie Ihre Kunden weiterhin ansprechen. Er ist das Resultat einer abwärts gerichteten Spirale in den Zufriedenheitswerten Ihrer Kunden. Er ist Ihr Schicksal, wenn Sie nur noch Leute finden, die bereits gehört haben, wie schwer es ist, mit Ihnen Geschäfte zu machen. Vielleicht geraten auch Ihre Ausgaben außer Kontrolle, und wenn Sie sie eindämmen wollen, rebellieren Ihre Kunden – weil Sie Schritte unternehmen, die für die Kunden direkte Nachteile bedeuten. Vielleicht wollen Sie auf dem Rücken Ihrer Kunden die Effizienz verbessern und versuchen, ihr Verhalten auf eine Art und Weise zu beeinflussen, die sie nicht akzeptieren können und wollen. Sie setzen Grenzen, die den Kunden nicht passen. Möglicherweise verlangen Sie höhere Gebühren, die den Kunden nicht gefallen – denken Sie an das Fiasko der Banken, als sie die Kunden für persönlichen Service durch das Schalterpersonal zur Kasse bitten wollten! Was ist es auch für eine Art, die Effizienz erhöhen zu wollen, indem man die Kunden bestraft, statt sie lieber zu den Dingen anzuregen, die ihnen Spaß machen und die ebenfalls die Effizienz steigern!

Wo man hinsieht, streichen Mobilfunkanbieter die Flatrates für den Datendownload. Sie waren einmal ein wichtiges Element der Beziehungen, die die Kunden mit den Mobilfunkanbietern pflegten, und mit dieser Änderung setzen die Anbieter ihren Kunden die Pistole auf die Brust. Glauben die Anbieter wirklich, dass Menschen mit bisher unbeschränkten Flatrates nicht negativ reagieren werden, wenn ihr Zugriff plötzlich genau bemessen wird? Und dass sie nicht überlegen, zu anderen Betreibern zu wechseln, die diesen Umstand als Wettbewerbsvorteil begreifen und sich den Ärger zunutze machen, der entsteht, wenn eine gewohnte Freiheit plötzlich eingeschränkt wird? Wenn Sie diese Zeilen lesen, werden diese Unternehmen bereits erfahren haben, welch großer Fehler ihre Rechnung war.

Die Mobilfunkanbieter in den USA hatten dieses Problem in ihren ersten Gebührentarifen für Smartphones nicht eingeplant. Sie sahen nicht voraus, wie sich die Datennutzung auf Smartphones entwickeln würde. Die europäischen Firmen waren vorsichtiger, fast niemand bot hier unbeschränkte Datennutzung an. Also werden nun die US-Anbieter beschuldigt, den Kunden etwas wegzunehmen, während die Europäer vorgebaut haben. Manche schieben die Schuld auf die Kostenentwicklung, aber wahrscheinlicher ist, dass bei der Produkteinführung schlampig vorgegangen wurde. Man verließ sich auf ungeprüfte Markterwartungen und musste dann die Kosten tragen oder zurückrudern. Unabhängig von den Gründen sollten Sie aber solche Situationen möglichst vermeiden.

Haben Sie je einen Menschen getroffen, der gern Steuern zahlt? Und dennoch erlegen Unternehmen ihren Kunden laufend so etwas wie Steuern auf. Banken fordern exorbitante Überziehungsgebühren, Mobilfunkanbieter verlangen Roaming-Gebühren. Wenn Sie ins Ausland reisen, erhalten Sie manchmal schon für ein paar Anrufe eine gepfefferte Gebührenrechnung, weil Sie beim Vertragsabschluss mit dem Mobilfunkanbieter auf diesen Aspekt nicht geachtet haben.

Provozieren Sie die Kunden?

Immer wenn Unternehmen reflexartig Regeln so festlegen, dass Kunden in ein gewisses Gruppenverhalten gezwungen werden, rufen sie Geringschätzung und Unzufriedenheit hervor. Die Kunden reagieren im Allgemeinen nicht freundlich auf derartige Dinge, und Generation-C-Kunden verbreiten ihre Verachtung überall in ihren sozialen Welten. Sie empfinden eine natürliche Abneigung dagegen, nur im Hinblick auf eine Transaktion beachtet zu werden. Sie mögen es nicht, wenn Sie sie als Gefangene behandeln, die ein Geschäft so abwickeln müssen, wie es *Ihrer* Vorstellung entspricht.

Sollten Sie gerade die Kontrolle über Ihre Kunden verlieren, weil Sie deren Erwartungen nicht richtig erfüllen, gibt es selbstverständlich viele Vorbilder, bei denen Sie beobachten können, was bei Kunden sehr starke Loyalität erzeugt. Nehmen Sie zum Beispiel die Apple Stores. Wenn Sie in Boston am Apple Store vorbeigehen, sehen Sie, wie leicht es Apple gelingt, die Kunden glücklich zu machen. Die Leute stehen schon Schlange, bevor der Laden morgens öffnet, weil sie hoffen, an der Genius Bar mit einem Berater sprechen zu können. Apple bietet dort kostenlos Serviceberatungen und Einführungen in die Bedienung aller Produkte. Es kommt auch ein Mitarbeiter heraus und bespricht mit jedem Wartenden, ob er lieber einen festen Termin vereinbaren möchte. Der Termin für einen Zeitpunkt etwa 20 oder 30 Minuten nach der Ladenöffnung wird auf einem iPad verbucht und der Mitarbeiter schlägt vor, doch an einem bequemeren Ort zu warten, wie beispielsweise im Starbucks nebenan. Wenn der Kunde dann zur vereinbarten Zeit wiederkommt, steht an der Genius Bar sofort ein Mitarbeiter bereit. Nur wenn wirklich sehr viel Betrieb herrscht, kommt derselbe Mitarbeiter, der zuvor vor dem Laden den Termin vereinbarte, auf den Kunden zu und verspricht, zu einem bestimmten Zeitpunkt anzurufen, um ihm freie Termine zu nennen. Er ruft dann auch tatsächlich zu diesem Zeitpunkt an.

Wie schwer kann das sein? Nun, sicher nicht allzu schwer ..., aber es erfordert eine bewusste Veränderung der eigenen Einstellung. Apple bürdet die Last nicht den Kunden auf, sondern *übernimmt die Initiative* und kümmert sich um sie. Das Unternehmen betrachtet die Beziehung immer aus der Perspektive der Kunden.

Dennoch können Sie nicht einfach Apple nachahmen. Gerade, wenn Sie die richtigen Schritte einleiten, um Ihr Überleben nach dem Angriff der Generation C zu sichern, droht Ihnen alles erneut zu entgleiten. Es stellt sich heraus, dass eine neue, noch schrecklichere Bedrohung vor der Tür steht: Wenn schon die Generation C eine einschüchternde Herausforderung darstellt, weil sich unzufriedene Kunden selten zurückgewinnen lassen, dann sollten Sie vor der nächsten Entwicklungsstufe der Kunden noch viel größere Angst haben.

Willkommen im Albtraum

Die Kunden der Generation C mögen Sie hassen, aber die nächste, gerade aufkommende Generation von Kunden entschließt sich womöglich sogar dazu, Sie aktiv zu vernichten.

Diese neuen Kunden sprengen jegliche Vorstellung von einem »Management der Kundenbeziehung«. Sie sind weder an einer Beziehung interessiert noch akzeptieren sie irgendeine Art von Management. Und wenn dies noch nicht bedrohlich genug klingt, dann denken Sie an Folgendes: Diese Kunden verschwenden – im Gegensatz zu den Generation-C-Kunden – keine einzige Minute darauf, die Interaktion mit Ihnen zu hassen. Sie können es gar nicht hassen, Ihr Kunde zu sein, weil sie die Vorstellung, irgendjemandes Kunde zu sein, sowieso pauschal ablehnen – Punktum. Ein Kunde ist in ihren Augen jemand, den die Unternehmen kontrollieren wollen. Diese sich gerade entwickelnde Generation will aber selbst die Kontrolle ausüben.

Nein, ich beschreibe hier nicht die nach dem Jahr 2000 geborene Generation Z – eine Bezeichnung, die sie von der Millennium-Generation oder Generation Y abheben soll. Vielleicht kennen Sie auch einen der anderen Namen, die diese Gruppe erhalten hat, denn eine endgültige Bezeichnung gibt es anscheinend noch nicht.[14] Sie werden daher als »Homeland-Generation«, »Generation@«, »Net-Generation« oder »iGeneration« bezeichnet. Eine bekannte Marketingfirma schlug »Pluralistische Generation« oder »Plurals« vor. Meiner Ansicht nach sind alle diese Namen ungeeignet. Die Leute, die (unter welchem Namen auch immer) von der Generation Z sprechen, meinen eigentlich die Generation-C-2. *Und sie übersehen dabei eine ganze Menge!*

So, wie der Begriff »Generation C« bereits eine Charakterisierung enthält, ist auch der Name dieser nächsten Generation sehr bedeutungsschwanger. Darf ich vorstellen: Generation D. Die Angehörigen der Generation D sind die wahren Boten der Kunden-Apokalypse. Viele ihrer Eigenschaften lassen sich auf die Verhaltensweisen der Generation-C-2 zurückführen, waren bei ihr aber noch nicht voll ausgeprägt. Während Sie hier immer mehr über sie erfahren und erkennen werden, dass Sie auf ihre Ankunft absolut unvorbereitet sind, könnten Sie ganz richtig zu der Auffassung kommen, dass das »D« für *doom*, *death* oder *destruction* steht (Schicksal, Tod und Zerstörung). Und wenn Sie die Vorgehensweise und Wirkung dieser Generation verstehen wollen, stellen Sie sich vor, dass das »D«, abhängig vom jeweiligen Zeitpunkt, drei weitere Dinge bedeuten kann: *discover, devour, demonize* (entdecken, verschlingen, dämonisieren).

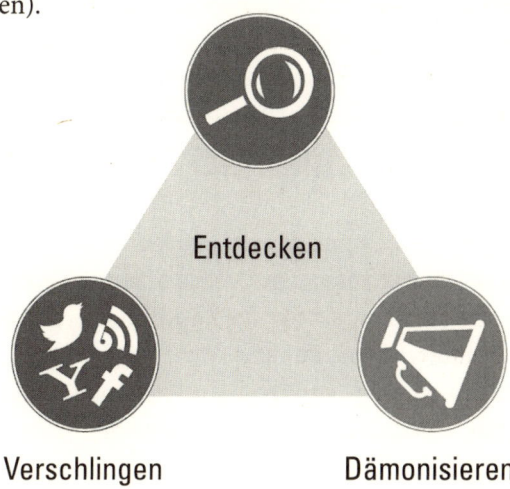

Sollten Sie einen Generation-D-Kunden enttäuschen, können Sie sich noch glücklich schätzen, wenn Sie einen Eintrag auf Facebook erhalten, in der Art des zuvor erwähnten Imbiss-Restaurants. Wahrscheinlicher ist aber, dass ein Twitter-Posting mit etwa folgendem Inhalt versandt wird:

> Gehe nie wieder zur ———— Bank, alles Vollpfosten da, habe mein Konto jetzt bei der ———— Bank, super Sache, kann ich nur empfehlen, ihr solltet auch wechseln!

Dieser Tweet wird weitergetwittert und von Tausenden Menschen gelesen. Bevor Sie auch nur das Geringste dagegen tun können, sind Sie schon verteufelt.

Microsoft handelte sich ähnliche Schwierigkeiten ein wie Netflix in dem oben genannten Beispiel, nur wesentlich härter, da sich das Unternehmen mit der Generation D anlegte. Im Juni 2013 kam die neuste Version der beliebten Spielkonsole Xbox, die Xbox One, auf den Markt. Ihre Käufer mussten auch für Offline-Spiele eine Internetverbindung haben und außerdem erließ Microsoft Beschränkungen für die Weitergabe gebrauchter Spiele. Das Ergebnis: »Enttäuschte Xbox-Fans brachten nach diesen Neuigkeiten ihre Wut sofort auf allen sozialen Medien zum Ausdruck.«[15] Es dauerte nur wenige Tage, bis Don Mattrick, der Leiter des Interactive Entertainment Business von Microsoft, eine Korrektur ankündigte. Darin war ein sehr wichtiger Punkt enthalten, der vor allem die gebrauchten Spiele betraf.

Mattrick schrieb an seine Xbox-One-Kunden: »Die Möglichkeit, diese Spiele nach eigenem Ermessen zu verleihen, zu teilen und weiterzuverkaufen, ist für euch unglaublich wichtig.«[16] Generation D hatte diesen Punkt sehr betont und einen großen Sieg errungen: Hier wurde klar, wie diese junge Generation das Konzept des *Eigentums* betrachtet. Hätte die Xbox denselben riesigen Markterfolg errungen, wenn Microsoft an dem ursprünglichen Plan festgehalten und nicht auf seine Kunden gehört hätte?

Colony und Burris fanden in ihrer Beschreibung der heutigen Situation genau die richtigen Worte, als sie ausführten, dass »sie die Institutionen des 21. Jahrhunderts unter Druck setzt und Zerstörung und Diskontinuität hervorruft. Traditionelle Quellen für verlässliche Einnahmen vertrocknen in der unbarmherzigen Hitze der zunehmenden Macht der Kunden. Die brandneue Geschichte, deren Erzählung Sie 18 Millionen Dollar gekostet hat? Sie wurde gerade von einem einzigen einflussreichen Blogger untergraben, der eine Liste mit zwölf Gegenbeispielen zusammenstellte, die inzwischen 1,2 Millionen Retweets aufweist und von den Nachrichtenagenturen aufgegriffen wurde.«[17]

Wie Benjamin Franklin einst bemerkte: »Einen guten Ruf erwirbt man nur durch viele gute Taten, aber schon eine einzige schlechte Tat macht ihn wieder zunichte.«

»Verkaufen Sie mir nichts!«

Die Generation D will nicht, dass man ihr etwas verkauft, denn dann fühlt sie sich kontrolliert. Nein, obwohl sie es wahrscheinlich nie zugeben würden, besteht ihre ersehnte lückenlose Erfahrung darin, dass sie selbst Sie und Ihr Produkt oder Ihren Service entdecken. Sie müssen also, zusätzlich zu der geforderten Vernetzung, auch noch einen Weg finden, wie Sie aktiv, aber unsichtbar, eine Entdeckung herbeiführen, damit die Kunden ihre Illusion aufrechterhalten können, dass sie Sie ganz selbstständig gefunden haben. Sie sind auf der Suche nach etwas, das selbst die Vernetzung und die vernetzte Kooperation altmodisch erscheinen lässt, und sie wünschen sich unsichtbare Zauberei. Sie wollen *radikale Authentizität*, und wenn Sie etwas entdeckt haben, das ihnen gefällt, dann verschlingen sie es.

Wenn Sie älter als Generation D (oder gar Generation C) sind, hatten Sie wahrscheinlich Zeit Ihres Lebens relativ geringe Erwartungen an alle Beziehungen zu Banken, Telefongesellschaften und überhaupt allen Unternehmen, mit denen Sie geschäftlich zu tun haben. Die Nachricht, dass Ihre Bank zu der finanziellen Kernschmelze beitrug, weil sie Ihre Hypothek als Teil eines Wertpapierbündels verhökerte, nur um schnelle Gewinne einzustreichen, finden Sie vielleicht abscheulich, und Sie ergreifen möglicherweise sogar politische Maßnahmen an der Wahlurne oder gar in Form von Demonstrationen. Aber dennoch betrachten Sie die Sache wahrscheinlich nicht als persönlichen Verrat – während ein Generation-D-Kunde sie durchaus so bewerten könnte.

Die Generation D definiert Loyalität auf neue Weise. Bereits in dem Zeitraum, kurz bevor die Generation D erschien, veränderten sich die Zeichen oder Totems für Loyalität sehr drastisch. Bei Banken waren beispielsweise früher die Sparbücher solche Zeichen, aber inzwischen haben sie den Weg der Dinosaurier beschritten. Im Lebensmittelladen gab es vor einem halben Jahrhundert noch Marken für die Einkäufe, die man sammeln und später – als Gegenleistung für Loyalität – einlösen konnte für etwas, das man sich nicht einfach so gekauft hätte. Die Marken waren greifbar und ließen die Kunden glauben, dass sie für Einkäufe in ihrem Lebensmittelladen belohnt wurden. Kunde und Laden bauten zusammen einen Wert auf. Heute ist dieses Zeichen verschwunden und man erhält stattdessen automatisch Kundenrabatte, wenn man die Karte des jeweiligen Ladens besitzt, die aber dem Geschäft gleichzeitig die Möglichkeit gibt, alle Einkäufe zum Zweck künftiger oder auch sofortiger Marketingaktionen wie Coupons zu speichern.

Dies alles sind Beispiele für transaktionale Loyalitätskonzepte, und die Generation C akzeptiert das Wort »Loyalität« in diesem Zusammenhang meist noch. Ganz anders die Generation D, die mit der Vorstellung der »Loyalität« an sich nichts mehr zu tun haben will. Während die meisten Unternehmen noch mit der Vernetzung und den Problemen kämpfen, die die Generation-C-Kunden ihnen verursachen, verlangen die neuen Kunden der Generation D nichts weniger als Vertrauen, Transparenz und totale Offenheit. Wenn sie überhaupt an Loyalität interessiert wären und es auch so ausdrückten, dann wäre es *Ihre* Loyalität *ihnen* gegenüber. Die Authentizität, die sie verlangen, geht bis ins Mark, und wenn sie spüren, dass Sie ihnen nur *weismachen* wollen, dass Sie ihnen Autonomie geben, in Wirklichkeit aber ein M (für Management) in die Gleichung einschmuggeln wollen, ist das für die Kunden ein ziemliches und für Sie ein riesengroßes Problem.

Kennzeichnend für diese Generation ist auch, dass die Reaktionen immer zwischen Extremen pendeln. Die Entdeckung und die ersten Erfahrungen mit Ihrem Unternehmen rufen vielleicht Entzücken hervor, und das führt dazu, dass sie Sie verschlingen – also für sich vereinnahmen – wollen. Genauso leicht kann es aber auch passieren, dass sie Sie dämonisieren. Die ersten Anzeichen für solche Dämonisierungen sind auf allgemeinere Weise schon bei der Generation C zu beobachten, aber deren Reaktion liegt eher auf der passiv-aggressiven Seite des Spektrums. Sie posten über Sie, lassen Sie fallen und beenden die Beziehung. Bei der Generation C werden Sie also schlimmstenfalls einfach *abserviert*.

Bei der Generation D erreichen die Dinge dagegen in beiden Extremen ein neues Niveau. Sie begeistern sich manchmal erstaunlich stark für Produkte und Firmen, auch wenn sie diese nicht als Produkte und Firmen betrachten. Sie verlieben sich geradezu. Apple lieben sie beispielsweise auf die Art, die sich in der einige Jahre zurückliegenden Werbekampagne »I'm a Mac and you're a PC« (»Ich bin ein Mac und du ein PC.«) äußerte. Entweder Sie sind über alle Maßen wunderbar und werden heiß geliebt, oder Sie sind völlig unvertrauenswürdig, uncool und daher ein Teufel.

Diese aktive Verteufelung ist einzigartig für die Generation D. Sie ist einer der Vorboten der Kunden-Apokalypse. Die Kunden erstellen keine Schmäh-Websites wie weiter vorne beschrieben, weil deren Zweck darin besteht, Menschen in eine bestimmte Richtung zu schieben. Die Generation D besteht aber aus Leuten, die *ziehen*. Während die Generation-C-Kunden ihre Erfahrungen in der Welt verbreiten und dann darauf warten, dass Sie nachfragen, was ihnen nicht gefallen hat, sagt die Generation D Ihnen alles direkt ins Gesicht und zieht Sie abwärts.

Wir fragten eine Gruppe von jungen Leuten der Generation D im Alter von 14 bis 22 Jahren, ob sie bereits selbst einmal ein Produkt empfohlen oder sich beschwert haben.

Eine junge Frau sagte: »Ich tue das wohl etwa 700 Millionen Mal am Tag. Man spricht einfach über das, was einem gefällt.

Gerade letztes Wochenende war ich im Schlussverkauf bei Gap. ›Seht diesen tollen Rock, den ich gekauft habe. Es gibt gerade lauter super Sachen hier‹, oder so etwas. Meine Freunde erzählen mir, dass sie in diesem oder jenem Restaurant waren und dass es dort ein echt gutes Getränke-Special gibt.«

Die Macht und Bedeutung dieser Art von Verbindungen wird durch Forschungsergebnisse bestätigt. Die »Nielsen Global Trust in Advertising Survey«, eine weltweite Umfrage zum Thema des Vertrauens in Werbemaßnahmen, die 2011 mit 28 000 Befragten in 56 Ländern per Internet durchgeführt wurde, ergab, dass 92 Prozent der Verbraucher »weltweit angeben, dass sie Medien, die es sich verdient haben, ... mehr vertrauen als allen anderen Formen der Werbung – ein Anstieg um 18 Prozent seit 2007 ...« Medien, die es sich verdient haben, sind »Mundpropaganda und Empfehlungen von Freunden und Verwandten«.[18]

»Es ist so, dass Freunde bei dir Werbung für eine bestimmte Sache machen«, fügte ein junger Mann hinzu. »Wenn ein Freund auf Facebook schreibt, dass er ein Produkt verwendet, dann glaube ich das eher und habe stärker den Wunsch, es auch zu benutzen, als wenn ich eine Werbung dafür sehen würde – weil es die Aussage einer Person ist, im Gegensatz zu der eines Unternehmens, das [für die Werbung] bezahlt.«

Auch Michael Maoz, ein Analyst bei Gartner und anerkannter Vordenker im Bereich Kundenservice, stellt fest: »Vertrauen ist und bleibt ein Dreh- und Angelpunkt für engagierte Kunden. Kunden bleiben zwar manchmal Kunden, selbst wenn sie einer Organisation nicht trauen, aber es verursacht weniger Kosten und die Aktionen der Kunden sind vorhersehbarer, wenn die Kunden dem Unternehmen vertrauen. Weitere emotionale Faktoren, die eine Kundenservice-Organisation wecken sollte, sind das Gefühl der Freude bei der Arbeit und des persönlichen Einsatzes für die Lösung von Kundenproblemen, ein Gefühl der

Empathie und des Verständnisses sowie das zufriedene Gefühl bei den Kunden, dass ihre Probleme zügig und mit möglichst wenig Aufwand gelöst wurden.«[19]

Wieder geht es um *Authentizität*. »Sie ist definitiv effektiver«, pflichteten auch mehrere der jungen Frauen bei.[20]

Was die Generation D zudem stark von allen anderen unterscheidet, ist, dass sie ein Scheitern aktiv begrüßt. Ihre Generation wird am häufigsten mit dem Ausdruck des »monumentalen Scheiterns« auf den Websites der sozialen Netzwerke in Verbindung gebracht. Sie freuen sich diebisch nach dem Motto: »Hab' ich dich!«, und teilen diesen Augenblick großer Befriedigung mit ihren Freunden (wobei der Begriff »Freunde« in diesem Fall alle Leute einschließt, die sie je kennenlernten oder die einer ihrer Bekannten kennt – ja, sogar Leute, zu denen sie keinerlei Beziehung haben, außer einer obskuren Gemeinsamkeit, die der Rest der Welt als völlig unbedeutend empfinden würde). Diese jungen Leute empfinden die Erfahrung des Scheiterns als gar nicht so schlimm, weil sie ja darüber posten und twittern können. Die Generation C erstellt eine »United Sucks«-Seite auf Facebook[21] und lässt es damit bewenden. Ein typisches Verhalten für die frühe Generation D ist dagegen, einen Film mit dem Titel »United Breaks Guitars« (»United zerstört Gitarren«) aufzunehmen, ihn auf YouTube zu stellen, zuzusehen, wie er sich viral verbreitet (bisher knapp 13 Millionen Aufrufe[22]), und dann noch ein Buch über diese Erfahrung zu veröffentlichen.[23] Generation D bricht einen totalen Krieg vom Zaun, ohne jede Rücksicht auf die Folgen für den Gegner und aus deutlichem – wenn auch nicht ausdrücklich formuliertem – persönlichem Interesse, das rein auf dem überhöhten Anspruchsdenken gründet, das für diese Gruppe charakteristisch ist.

Diese aufkommende Generation lässt die digitale Vernetzung ihrer Vorgänger im Vergleich sehr milde erscheinen. Die Gruppe aus der Generation D, die ich vorhin erwähnte, kam zufällig

Generation C		Generation D
Wikipedia		Wikileaks
Facebook (nicht moderiert; jeder ist „ein Freund")		Reddit (moderiert, rigorose Bewertung durch die anderen Teilnehmer)
Online-Partnersuche		Online-Organisation einer Gemeinschaft
Fan-Chatrooms		Fan-Fiction
Klagt über Online-Mobbing		Postet und twittert eine Liste von Online-Mobbern.
Gibt, oft ohne es zu wissen, für Verbrauchervorteile vertrauliche Daten preis.		Hat die Bedeutung vertraulicher Daten durchschaut und manipuliert zum eigenen Vorteil.
Veröffentlicht bei Facebook oder Twitter hin und wieder eine Klage über schlechten Kundenservice		Drückt Unzufriedenheit in ausgefeilten „Markenfälschungen"oder in Videofilmen aus.
Ist ihren Marken treu.		Sieht keine Marken, sondern nur sich selbst in den Marken, die sie für sich vereinnahmt.
Nutzt Kabelfernsehen.		Streamt Medien über das Internet.

nur wenige Tage nach dem Tod von Nelson Mandela zusammen. Als sie gefragt wurden, wie sie von seinem Hinscheiden erfahren hatten, gaben die meisten Tumblr oder Instagram als Quelle an.

Eine Teenagerin drückte es so aus: »Wenn ich Ihnen etwas erzähle, dann habe ich es in 80 Prozent der Fälle auf Instagram gelesen.«[24]

Eine andere junge Frau erklärte, wie sich Online-Informationen unter ihren Altersgenossinnen verbreiten: »Wenn etwas passiert, sehe ich zuerst eine sehr vage Veröffentlichung und ich denke mir: ›Aha, wie seltsam.‹ Dann sehe ich meist etwas, das damit in Zusammenhang steht, und ich denke: ›Was geht da vor?‹ Ich scrolle weiter und sehe noch mehr, zum Beispiel die echte Nachrichtenmeldung oder jemand erklärt genauer, was da läuft. Aber es ist immer so, dass jemand darüber erzählt.«

Und damit die Bedeutung des Verbundenseins innerhalb der Generation D ganz deutlich wird, sehen Sie im Folgenden die Antworten, die Angehörige der Generation D unserem Moderator gaben, als er fragte, ob einer von ihnen schon einmal sein Mobiltelefon verloren oder kaputt gemacht habe:

»Es hat mir sehr wehgetan«, sagte eine junge Frau.

Ein Teenager erklärte: »Man fühlt sich ganz allein auf der Welt, man ist zu nichts nütze und kann nichts machen. Ohne mein Telefon bin ich so einsam, ich frage mich dann, was soll ich nur tun?«

»Ich werde verrückt«, fügte ein anderes Gen-D-Mitglied hinzu.

»Ich habe mein Ladegerät immer dabei«, sagte ein junger Mann.

»Ich habe es einmal zu Hause vergessen«, fiel eine junge Frau ein, »und dann dachte ich, jetzt kann ich nicht einmal Musik hören. Wie soll ich weiterleben?«

Für die Generation D ist die Vernetzung ein grundlegender Bestandteil ihrer *Existenz*. Daher kommt die Trennung vom Netz einer existenziellen Krise gleich.

»Das Ärgerlichste daran, kein Telefon bei sich zu haben, ist meiner Meinung nach [das]«, sagte ein junges Mädchen. »Es ist die einzige Möglichkeit für mich, auf soziale Netzwerke und solche Sachen zuzugreifen. Also ist es wirklich ärgerlich, wenn dann haufenweise Freunde [fragen]: ›Ich habe dich letztens angetwittert, warum hast du nicht geantwortet? Wo warst du? Oh, hast du irgendwas auf Instagram gesehen?‹ Nein, gar nichts, ich habe im Moment kein Telefon, ich habe mein Telefon verloren.«

Die Erwartungen der Freunde auf sozialen Medien sind »ziemlich hoch«, berichten die von uns befragten Angehörigen der Generation D. Daraus sollten alle, die eine Verbindung zu diesen Kunden aufbauen wollen, eine Lehre ziehen.

Anthropomorphismus

Die klassischen Werbesprüche nach dem Motto: »Ich bin ein Mac und du ein PC« stellen eine Besonderheit in der Art und Weise heraus, wie sich die Verzückung und das Verschlingen bei Gen-D-Kunden äußert. Wenn sie eine Marke einmal lieben, dann sehen sie sie gar nicht mehr. Ihre Identifikation mit der Marke geht weit über reine *Markenloyalität* hinaus: Sie werden zu der Marke und die Marke wird zu ihnen.

Lush, eine Kosmetikfirma mit Sitz in Großbritannien, ist ein gutes Beispiel für diese Art der Verzückung und des Verschlingens. Das Unternehmen wurde 1994 mit nur einem Laden gegründet, unterhält aber inzwischen über 800 Läden in über 50 Ländern. Lush verkauft eine Palette handgefertigter Produkte aus eigener Herstellung, von Seifen über Shampoos, Duschgels bis hin zu Lotionen und anderen Dingen. Die Produkte von Lush basieren auf natürlichen Rohstoffen, sind vollständig vegetarisch, fast vollständig vegan und zu 60 Prozent frei von Konservierungsstoffen. Die Firma betont nicht nur lautstark, dass in ihren Produkten kein tierisches Fett enthalten ist, sondern hat sich auch zu einer starken Kraft in der Protestbewegung gegen Tierversuche entwickelt. Alle Lush-Produkte werden nur an freiwilligen Personen getestet, und die Firma kauft nicht bei Unternehmen ein, die auch nur im Entferntesten mit Tierversuchen in Verbindung gebracht werden können. Lush treibt die Verantwortung weiter als einige der weitsichtigsten Unternehmen und schenkt jeder Kundin eine kostenlose Gesichtsmaske, wenn sie mindestens fünf leere Kosmetikbehälter von Lush in den Laden zurückbringt. Das öffentlich verkündete Ziel ist, 100 Prozent der Verpackungsmaterialien der Firma »leicht recycelbar, kompostierbar oder biologisch abbaubar« zu gestalten.

Das Unternehmen spendet darüber hinaus große Summen an eine Vielzahl von guten Zwecken, die nicht unbedingt mit Umweltschutz zu tun haben müssen (zumindest im traditionellen Sinn). Sie können sicher sein, dass die Generation D das ganz genau wahrnimmt und dass es einer der Gründe dafür ist, dass sie Lush so sehr ins Herz geschlossen hat. Für sie ist Lush kein Unternehmen, ja, nicht einmal eine Marke an sich – es gehört einfach zu ihrem Leben.

Eine der jungen Frauen aus der Generation D, mit denen wir sprachen, gebrauchte auch tatsächlich die Worte: »Es ist so etwas wie ein Lebensstil.«[25]

Bei all diesen ethisch korrekten Wurzeln pflegt Lush aber dennoch keineswegs einen bevormundenden, predigenden Stil. Wenn Sie einen Laden von Lush betreten, sehen Sie sofort, was die jungen Frauen der Generation D an dieser Marke so sehr begeistert. Die Verkäuferinnen gehören derselben Generation an. Sie sind nicht aufdringlich, wirken aber sehr energiegeladen, und man hat überhaupt nicht den Eindruck, dass sie arbeiten. Es wirkt, als hätten sie einfach Spaß zusammen und würden einigen Freundinnen ein paar Dinge zeigen, die ihnen selbst sehr gut gefallen. Außerdem ist da noch die Art und Weise, wie die

Waren ausgestellt sind. Ein Marketingexperte verglich sie mit der Auslage eines Obstverkäufers. Alles liegt offen und unverpackt vor den Kundinnen. Sie können alles anfassen und beispielsweise die Größe und Form eines einzelnen Seifenstücks auswählen. Dies verstärkt das Gefühl der Entdeckung. Lush bezeichnet sich sogar selbst als »Kosmetikhändler«.

»Ich denke, es hilft auch, dass die Läden so herrlich duften. Es riecht so toll, sobald man hineingeht«, sagte eine Teenagerin.

»Die Verpackungen sind wunderschön«, fügte eine andere hinzu. »Und die Produkte sind so gut ... Ich habe eine Badeperle gekauft, ungefähr vor zwei Wochen, und als ich sie ins Wasser gab, fühlte es sich an wie – oh, ich bin jetzt eine Prinzessin. Das ist so herrlich und ich will allen von dieser Erfahrung erzählen, damit sie sie auch haben können.«

Lush steht den Kundinnen wirklich nahe. Mark Wolverton, der President von Lush Nordamerika, erklärt: »Wir wollen keinen Laden, wo die Kunden hineingehen, herumstöbern und dann die Produkte zur Verkäuferin hinter der Ladentheke bringen. Unsere Mitarbeiterinnen stellen Fragen über den Hauttyp und die Haare und machen viel Aufhebens um jede Kundin. Das macht Spaß und ist für die Kundinnen eine tolle Erfahrung.«[26] Für die Jugendlichen der Generation D ist es wie eine Übernachtung bei der besten Freundin.

Lush hat auch verstanden, wie wichtig authentische Beziehungen zu den Kundinnen sind. Eine der jungen Frauen, mit denen wir sprachen, erklärte, weshalb sie Lushs Twitter-Feed folgt: »Ich habe sie angetwittert, weil ich ihnen sagen wollte, dass ich eines ihrer Produkt sehr mochte ... Ich verwendete es sehr oft. Ich war damit wirklich sehr zufrieden und ich wollte, dass meine Freunde und alle Leute, die ich auf Twitter habe, wissen, dass ich es verwende, es liebe und wo sie es kaufen können. Und [Lush] hat mir geantwortet, was sehr aufregend war, weil das sonst nie jemand tut.«[27]

Die Loyalität vertieft sich, wenn Sie sich für das soziale Votum bedanken, das die Generation D Ihnen spendet.

Wenn Lush also nun für die Liebe steht, für etwas, das die Generation D verschlingen möchte, was wäre dann ein Beispiel für den Teufel? Nun, stellen Sie sich einfach vor, was in einem Jugendlichen der Generation D vorgeht, wenn er sich im Internet ein Produkt ansieht, das er vielleicht kaufen will, und wenn daraufhin auf jeder Website, die er anklickt, immer wieder, unaufhörlich, kleine Werbeanzeigen für dieses oder ähnliche Produkte eingeblendet werden. Vielleicht ist Ihnen das selbst schon passiert. Sie suchen beispielsweise nach einem neuen Mixer, und sofort werden Sie im Internet tagelang von lästigen kleinen Werbeanzeigen für Mixgeräte verfolgt. Was könnte noch mehr wie das Gegenteil von »unsichtbar« oder »wie durch Zauberei« wirken? Selbst wenn Sie gar nicht der Generation D angehören, geht Ihnen das wahrscheinlich auf die Nerven. Als wir 2002 im Film *Minority Report* zum ersten Mal sahen, wie Tom Cruise auf seinem Weg durch einen Glaskorridor mit persönlichen Angeboten begrüßt wurde, war das noch cool, aber inzwischen erscheint es problematisch, veraltet und störend.

In unserem Gespräch mit der Generation D diskutierten wir auch über Online-Werbung.[28] Auf die Frage nach ihrer Reaktion auf die Werbeanzeigen, die in YouTube laufen, bevor das gewünschte Video startet, sagte ein Teenager ganz klar: »Ich hasse sie.« Und er wandte sich an die gesamte Gruppe: »Richtig?«

Die meisten gaben an, die Anzeigen zu überspringen. Eine junge Frau drückte sich genauer aus: »Ich warte die fünf Sekunden ab und klicke dann sofort auf ›Überspringen‹.«

»Manchmal kann ich die fünf Sekunden nicht abwarten«, antwortete ein junger Mann.

Die ausführlichste Antwort auf die Frage zeigt, wie Ihre Chancen bei der Generation D tatsächlich stehen. Eine Teenagerin führte aus, dass sie sich im traditionellen Marketing und seiner Wirkung zwar nicht auskenne, dass aber »die Leute diese fünf Sekunden haben, die man ansehen muss, bevor man [die Anzeige] überspringen kann. Also dachte ich eines Tages ernsthaft darüber nach und ich meine, die Firmen müssen erreichen, dass diese fünf Sekunden zählen. Also sehe ich mir eine Anzeige manchmal weiter an, wenn jemand diese ersten fünf Sekunden wirklich, wirklich außergewöhnlich und toll gemacht hat. Dann will ich wissen, worum es geht.«

Sie fuhr fort: »Ich weiß, dass ich nicht ganz normal bin, weil ich das mache, aber manchmal sitze ich da und sehe mir das Ganze an, weil die ersten fünf Sekunden so gut waren. Aber meistens, ja, überspringe ich es einfach.«[29]

Die Botschaft hier lautet: Sie haben maximal fünf Sekunden, um die Aufmerksamkeit der Generation D zu gewinnen!

Manchmal lässt YouTube das Überspringen aber nicht zu und man muss die gesamte Werbeanzeige über sich ergehen lassen. Was tun die Angehörigen der Generation D also? Die meisten, mit denen wir sprachen, lehnten den Gedanken ans Überspringen ab. Sie wollten einfach das Video sehen, das sie sich ausgesucht hatten. Wenn eine Anzeige 20 oder 30 Sekunden dauert, dann schalten sie den Ton ab und warten, aber wenn sie länger dauert?

»Dann lade ich neu«, sagte eine andere junge Frau. »Manchmal geht es dann ohne Werbung.«

Ein Jugendlicher erklärte: »Vielleicht bekommt man dann eine bessere Werbeanzeige.«

»Aber es ist schon traurig«, fiel eine Jugendliche ein. »Das ist schließlich die Arbeit von Menschen. Es ist traurig, was aus Werbefilmen und Anzeigen geworden ist – man denkt nur: ›Oh Gott! Ich will es überspringen!‹«

Eine andere junge Frau stimmte ihr zu: »Werbefilme sind für mich bei Weitem die Marketingform mit der geringsten Wirkung.« Es erhob sich ein ganzer Chor der Zustimmung und der Abneigung gegen Werbung. »Im Fernsehen, im Kino ... im Radio, auf YouTube – ganz egal.«

Die Unternehmen, die um die Angehörigen der Generation D werben, verärgern sie vielmehr, weil sie ihre Zeit verschwenden und ihr Bedürfnis verletzen, Entdeckungen selbst zu steuern. »Ich bin dann doch gerade mit etwas beschäftigt, das ich gern tue«, sagte ein Teenager. »Ich möchte Radio hören. Ich möchte einen Film ansehen. Also unterbrechen sie das, wozu ich eigens hergekommen bin, und wollen mir etwas über ihr Zeug erzählen. – Nein! Das ist mir in dem Augenblick so was von egal!«

Sie – der Werbende – sind der Dämon und werden somit einem der »D«s der Generation D unterworfen.

Es gibt andere Wege, wie beispielsweise den, den Lush beschreitet. Während Dämonen-Marken den Kunden unbedingt etwas verkaufen wollen, lässt Lush die Kundinnen auf Entdeckungstour gehen. So soll es nach dem Wunsch der Generation D funktionieren: Sie entdecken neue Marken und sind stolz darauf, wenn sie *ohne Werbung* etwas finden – sei es etwas, das sie nur von den sozialen Medien her kennen, etwas, das über Kickstarter finanziert wurde, eine Unterhaltung, die durch Crowdsourcing verbreitet wird, oder die Verbraucher-Variante eines »Flashmobs« oder einer Zusammenkunft.

Betrachten wir nun dieses neue Muster der Entdeckung etwas genauer.

»Ich will der Entdecker sein!«

Die Generation D bildet sich sehr rasch einen Eindruck, der oft von Elementen beeinflusst ist, die sie von anderen übernehmen, und sie entscheiden sich sehr schnell. Sie sind bereit, bei neuen Entdeckungen sofort zuzugreifen. Die Mitglieder der Generation D schwimmen in Informationsströmen. Sie werden von aktiven Feeds, Tweets und anderen Nachrichten überschüttet, die bereits direkt auf sie zugeschnitten wurden. Bedenkt man dies, sollte man eigentlich meinen, diese Leute wüssten, dass sie nichts selbst entdecken. Aber sie wollen einfach glauben, dass sie oder ihre Freunde die Entdecker *sind*. Diese Tatsache stellt selbst die fortschrittlichsten Marketingansätze auf den Kopf und kreiert alle möglichen Probleme der Suchmaschinenoptimierung. Sie müssen auf neue, einfallsreiche Weise Honigtöpfe auslegen, sodass diese Verbraucher zwar darüber stolpern, aber dabei nie das Gefühl haben, dass sie zu ihnen hingeführt wurden. Kein Geschiebe und keine offene Verführung. Keine Verfolgung durch das ganze Internet nach der Art dieses Mixers.

Bei genauerem Nachdenken kommt einem eine alte Analogie mit dem Angeln in den Sinn. Traditionelles Marketing ist wie Treibnetzfischerei, bei der alle irgendwie erreichbaren Fische eingefangen werden, bei der aber auch der gesamte Müll vom Meeresboden mit herausgeholt wird. Man zieht die Netze durchs Wasser und sieht am Ende nach, was man erbeutet hat. Die beste Form von proaktivem Marketing gleicht eher dem Speerfischen. Man prüft die Umgebung sorgfältig, wählt ein Ziel aus, verfolgt es und schnappt es sich. Der Umgang mit der Generation D ähnelt jedoch dem Fliegenfischen. Erfahrene Fliegenfischer sagen, dass der Fisch die Fliege sucht und nicht umgekehrt. Es sind Entscheidung und Aktion des Fisches, die ihn anbeißen lassen. Sie müssen bereit sein, geduldig die Fliegenhaken zu basteln und noch geduldiger, im Fluss zu stehen und den ganzen Tag darüber nachzusinnen, was einem Fisch wohl gefallen könnte. Sie beschäftigen sich stundenlang mit Gedanken über Fische, ohne die unberührte Natur zu stören. Vielleicht fangen Sie gar nichts und kehren mit leerem Eimer zurück. Dennoch darf nie der Eindruck entstehen, dass Sie ein leiser, verstohlener, hungriger Jäger sind – Sie nehmen einfach an einer gemeinsamen Erfahrung teil. Wenn die Fische Sie nach Hause gehen sehen, »hören« sie, wie Sie sagen, dass es ein toller Tag war, selbst wenn Sie nichts gefangen haben.

Die Angehörigen der Generation D sind wie diese Fische. Sie müssen von Ihnen hören, dass die Interaktion mit ihnen für Sie ein tolles Erlebnis war, gleichgültig, in welcher Form sie stattfand, und egal, ob Sie wirklich so empfinden oder nicht. Darüber hinaus müssen Sie bei der Generation D (ebenso wie bei den Fischen, denen Sie ja auch nichts verkaufen dürfen) den Ansatz verfolgen, dass Sie sie »fangen und wieder freilassen«. Sie müssen also mit anderen Worten Ihren nächsten Fang mit einer neuen genialen Verlockung verdienen – wobei Sie wieder ganz neu anfangen.

Das nennt sich dann Entdeckung!

Aufgrund des charakteristischen »Verschlingens oder Dämonisierens« der Generation D müssen Sie ganz neu darüber nachdenken, wie die Verbraucher dazu gebracht werden könnten, Ihr Unternehmen zu »vermenschlichen«. Die Generation D verleiht den Unternehmen, mit denen sie freiwillig in Interaktion tritt, nämlich menschliche Züge und Eigenschaften, selbst wenn die Leute nie zweimal mit demselben Ansprechpartner zu tun haben. Unternehmen, die das verstanden haben, sorgen dafür, dass bei jedem Kundenkontakt alle Mitarbeiter als Teil eines engagierten und sympathischen Organismus auftreten. So ist es im Laden von Lush und so ist es auch an der Genius Bar im Apple Store.

Diese Unternehmen lassen sich auf die »Vermenschlichung« ein. Sie selbst sorgen dafür, dass die Marke auf allen Kanälen und bei jeder Erfahrung eine einheitliche Persönlichkeit hat. So können die Kunden die Marke mit einem Wertesystem assoziieren, das ihnen zusagt und das sie unterstützen. Ihnen gegenüber stehen die Unternehmen, die nach außen schizophren wirken und die daher abgelehnt und dämonisiert werden und der Kunden-Apokalypse zum Opfer fallen.

Die Generation D verlangt auch, dass Sie die Bedeutung des Wortes »Datenschutz« neu definieren, denn es gibt starke Hinweise darauf, dass sie darunter etwas ganz anderes verstehen, als die meisten von uns es gewöhnt sind. Privatsphäre hat für sie einen ganz neuen Wert. Die Verbraucher der Generation D sind erstaunlich leicht bereit, das aufzugeben, was die meisten von uns als Privatsphäre betrachten. Dieser Trend begann schon bei ihrer Vorgängergeneration C. Denken Sie nur an all die Dinge, die auf Facebook preisgegeben werden.

Die Generation D hat nichts dagegen, wenn Sie sie beim Browsen beobachten. Dafür erwarten sie, dass Sie nicht versuchen, ihnen etwas zu verkaufen. Außerdem erwarten sie, dass Sie ihre Zeit nicht verschwenden – und sie definieren Zeitverschwendung in wesentlich kleineren Einheiten als Sie es gewohnt sind. Ein Teenager in der Gruppe, mit der wir sprachen, klagte, dass ein von ihm genutzter Online-Dienst seine Zeit mit einer ineffektiven Empfehlungssuchmaschine verschwende (obwohl er natürlich diesen Begriff nicht verwendete).

»Netflix denkt, dass ich Horrorfilme aus den 70er- und 80er-Jahren und *My Little Pony* mag«, sagte er verächtlich. »Na ja, sicherlich gibt es auch dafür Kundengruppen.«[30]

Selbst lächerliche Empfehlungen gründen sich natürlich auf irgendwelche Daten – dies wird das Thema des zweiten Kapitels sein.

Die Mitglieder der Generation D reagieren sehr empfindlich auf alles, was so aussieht, als würden Sie ihnen ihre Privatsphäre *wegnehmen*. Die Grenze scheint dort zu liegen, wo die Leute glauben, dass Sie irgendwie von ihren Informationen profitieren könnten. (Selbstverständlich sind sie klug genug zu wissen, dass Sie das wahrscheinlich ohnehin tun, also sollten Sie ihnen auf keinen Fall einen Grund geben, darüber nachzudenken.)

All diese Veränderungen tragen dazu bei, dass Ihr Unternehmen sich möglicherweise jetzt schon im Stadium des Zerfalls befindet. Als Auslöser genügt oft bereits, dass Sie als »uncool« wahrgenommen werden. Auch wenn Sie es nicht schaffen, Ihr Unternehmen den Erwartungen der Generation D entsprechend umzugestalten, kann das den Zerfall auslösen. Und als ob das nicht schon schlimm genug wäre, müssen Sie noch den Halo-Effekt einkalkulieren, den die Generation D auf die Generation C und ältere Generationen ausübt. Nachdem die Generation C die Bühne für den Aufstieg der Generation D bereitet hat, werden wir alle in ihre soziale Online-Welt hineingezogen, mit all den damit verbundenen Folgen für uns als Verbraucher.

Ja, die Generationen C und D treiben Unternehmen an den Rand des Ruins und manche Firmen bemerken es nicht einmal. Sie erkennen nicht, wie wichtig es wäre, die Leute nicht mehr zu »stören«. Sie verstehen nicht, wie »lästig« ihre aufklappenden Online-Werbeanzeigen auf bestehende und potenzielle Kunden wirken. Selbst wenn die Vorteile durch neu gewonnene Interessenten noch so groß sind, spielen diese Unternehmen dennoch mit dem Risiko von sehr gravierenden Nachteilen, die für sie den Anfang vom Ende bedeuten könnten.

Gehört Ihr Unternehmen auch zu dieser Gruppe? Im »Zeitalter des Kunden«, wie es Forrester Research sehr treffend nannte, rollen demografische Fakten auf Sie zu wie ein ungebremster Zug, der von neuen digitalen Technologien angetrieben wird. Das Zeitalter wurde als »zwanzigjähriger Unternehmenszyklus« definiert, in dem »die erfolgreichsten Unternehmen sich selbst neu erfinden werden, damit sie die zunehmend mächtigen Kunden systematisch verstehen lernen und sie besser bedienen können.«[31]

Die Generation D ist Ihre Zukunft. Die nahende Kunden-Apokalypse bedeutet, dass Ihre Zeit begrenzt ist, es sei denn, Sie machen sich völlig neue Gedanken über Ihre Kunden und darüber, wie Sie sie engagieren und einbinden können. Für das Fortbestehen Ihres Unternehmens sind diese Änderungen absolut fundamental, einerseits weil die Kunden sie fordern und andererseits, weil Ihre Wettbewerber schon die Messer wetzen. Schrittweise Änderungen nützen hier nichts, außer es handelt sich um die Schritte, die im Lauf der Zeit (und zwar möglichst kurzer Zeit) zu einer bedeutenden, radikalen Veränderung führen. Ohne eine solche komplette Revolutionierung des Denkens sind schrittweise Veränderungen nutzlos, weil das Wesen der Veränderungen in der äußeren Umgebung sie einfach nicht zulässt. Für den erforderlichen dramatischen Wandel müssen Sie einen ganz neuen geistigen Standpunkt einnehmen, und alle schrittweisen Änderungen müssen mit der Umwandlung zusammenhängen, sonst verfehlen Sie das Ziel.

Sehen wir uns nun an, wie Unternehmen an jenen Punkt gelangt sind, an dem sie die Zerstörung durch die Kunden und die Kunden-Apokalypse fürchten müssen, auf die sie sich hätten vorbereiten sollen. Wir beginnen mit dem offensichtlichsten Problem – den Daten.

2
TOD DURCH DATEN

Daten können Ihr Unternehmen umbringen. Besonders tödlich sind die Kostendaten, denn sie sind am einfachsten zu sammeln und am gefährlichsten in ihrer Anwendung. Es wird immer leichter zu erkennen, welche Aktionen eines Kunden Ihr Unternehmen Geld kosten, und daraufhin zu ermitteln, welche anderen Vorgehensweisen günstiger wären. Wenn Sie darauf aber nicht im richtigen Kontext reagieren, führen Sie womöglich selbstzerstörerische Veränderungen im Umgang mit Ihren Kunden ein, weil Sie bei Ihrer Reaktion die Konsequenzen nicht vollständig durchdacht haben. Betrachten Sie die folgende Geschichte als Warnung. Sie spielt sich immer wieder so oder ähnlich ab, weil taube Unternehmen genau die gleichen Fehler begehen.

Mitte der 1990er-Jahre sah sich die First National Bank of Chicago einige Informationen an, die sie über ihre Kunden gesammelt hatte, und beschloss, deren Verhalten auf kostensenkende Weise zu beeinflussen. Die Bank wollte, dass mehr Kunden das automatische Telefon-Banking-System nutzten, weil dies weniger Kosten verursachte. Daher erhob sie von allen Kunden, die einen Schalterangestellten nach ihren Kontoinformationen fragten, eine Gebühr von zwei Dollar.[1]

Es überrascht nicht, dass es die First Chicago schon lange nicht mehr gibt. Stellen Sie sich vor, Sie verlangten von einem Kunden der Generation C, für ein Gespräch mit einem Mitarbeiter Ihrer Firma zu bezahlen. Und dann stellen Sie sich vor, auf diese Weise mit einem Generation-D-Kunden Geschäfte zu machen! Aber die First Chicago versteifte sich voll und ganz auf diese Beeinflussung des Kundenverhaltens und warb auch noch dafür mit dem Argument, dass die neue Richtlinie sogar guten Kundenservice darstellte, weil sie das Verhalten förderte, das am besten für die Bank war.

In Wirklichkeit *nahm* die First Chicago den Kunden *ihre Freiheit*.

Irgendwann wurden zwar diese Gebühren wieder zurückgezogen, doch die Idee, das Verhalten der Kunden mit finanziellen Hebeln zu beeinflussen, verschwand damit keineswegs. In manchen Wirtschaftssektoren wurde versucht, den Kunden für alles Mögliche eine Gebühr aufzuhalsen. Denken Sie nur an die Fluggesellschaften. Gebühren für eingecheckte Gepäckstücke sollten darauf hinwirken, die Einnahmen zu erhöhen, und gleichzeitig die Passagiere davon abhalten, viel Gepäck mitzunehmen, weil dies das Gewicht des Flugzeugs und damit die Treibstoffkosten erhöhte, als diese gerade steil anstiegen.

Auch hier wurde auf eine Verhaltensänderung der Kunden abgezielt. Den Höhepunkt bildete wohl die Ankündigung der irischen Billigfluglinie Ryanair im Jahr 2010, dass die Toilettennutzung im Flugzeug Geld kosten sollte. »Der Sprecher der Fluggesellschaft, Stephen McNamara, gab gegenüber Travel-Mail bekannt: ›Durch die Toilettengebühren hoffen wir, das Verhalten der Kunden dahingehend zu ändern, dass sie vor und nach der Flugreise auf die Toilette gehen.‹«[2]

Glücklicherweise wurde dieser Plan wieder aufgegeben, ebenso wie die Gebühren der First Chicago für persönlichen Service von Angestellten. Was aber nicht verschwunden ist, sind die in ihren Reaktionen eingeschränkten Voicemail-Automaten, mit denen jeder von uns täglich zu tun hat, wenn er mit Unternehmen in Kontakt treten will. Sie wirken auf die gleiche Weise, denn sie erzwingen eine Verhaltensänderung genau dann, wenn man eigentlich am liebsten mit einer lebenden, atmenden Person sprechen würde. Kein Wunder, dass beinahe jedermann diese Systeme geradezu körperlich verabscheut.

Es gibt noch so viele weitere Geschichten von schlechten, ja miserablen Entscheidungen, die nur aufgrund von Kostendaten getroffen werden. Seit Frederick Winslow Taylor im 19. Jahrhundert das »Scientific Management« (auch unter dem Namen »Taylorismus« bekannt) erdachte, versuchten Unternehmen ihre wirtschaftliche Effizienz zu erhöhen, indem sie alle Geschäftsaktivitäten in die kleinsten analysierbaren Abschnitte zerlegten und Daten über deren jeweilige Kosten sammelten. Unternehmen sammeln Kostendaten über Waren, Prozesse, Ausschuss und Abfälle, Kunden ... einfach alles. Die Vorherrschaft der Kostendaten wird durch Buchhaltungssysteme zementiert, die sie für die Entscheider leicht zugänglich machen. Doch, wie die oben angeführten Geschichten zeigen, ist dies im Umgang mit Kunden nicht unbedingt der beste Ausgangspunkt.

Die Daten, auf die Sie sich konzentrieren, können Sie manchmal zu wirklich schlechten Entscheidungen in Bezug auf Ihre Kunden verleiten. Die Kunden der Generation D lehnen es nicht nur ab, wenn Sie Ihnen vorschreiben, wie sie sich zu verhalten haben, Sie erzählen auch der ganzen Welt, dass Sie versuchen, sie zu manipulieren.

Bei den beiden Fehlern von Netflix und Xbox, die im ersten Kapitel beschrieben wurden, spielten Daten eine vernichtende Rolle. Im Fall von Microsoft »legten die Daten nahe, dass es wirtschaftlich sinnvoll war, eine Internetverbindung der Xbox One zu verlangen, damit Microsoft sich vor illegalen Kopierern schützen konnte. Im Fall von Netflix zeigten ebenfalls die Daten, dass das Video-Streaming die Zukunft war. Daher erschien es sinnvoll, den Streaming-Dienst in eine separate Firma auszulagern.«[3]

Doch selbst nach derartigen Negativbeispielen strukturieren die meisten Firmen ihre Kundenbeziehungen im Kern weiterhin auf der Grundlage von Kunden*daten*. Sehr vielen Daten. Tonnenweise Daten. Megadaten. Metadaten. Geschäftsleute lieben Daten. Sie sind von ihnen abhängig. Daten sind greifbar und sie verschaffen ihnen ein sicheres Gefühl.

Während Sie jedoch immer mehr Daten ansammeln, müssen Sie sich fragen, ob das beste Mittel gegen die schlechten Entscheidungen, die oft aus einer zu starken Fokussierung auf Daten resultieren, wirklich darin besteht, noch *mehr* Daten zu sammeln. Wenn sich herausstellt, dass Entscheidungen, die auf zunehmendem Zugriff auf Daten basieren, schlecht sind, was wird dann wohl geschehen, wenn Sie noch mehr Daten hinzufügen?

»Big Data« schaffen sogar noch größere Probleme

Der Begriff *Big Data* wird in der Informationstechnologie im weitesten Sinn für alle Datenmengen verwendet, die so erschreckend groß und so furchterregend komplex sind, dass normale Sterbliche nur mithilfe von komplizierten Systemen mit ihnen arbeiten können. Ihre Speicherung stellt zwar heute kein so großes Problem mehr dar wie früher, aber sie zu durchsuchen, zu analysieren, sie weiterzugeben und – geben wir es ruhig zu – ihren Sinn zu verstehen, wurde nur immer schwieriger, nachdem die Datenmengen einmal ihr exponentielles Wachstum begonnen hatten. Aber, wie das so ist, wenn der Schwanz mit dem Hund wedelt, machen die rein technische Kapazität und die Fähigkeiten der Informationstechnologie das Problem der Big Data immer noch größer. Wir sind auf dem besten Weg vom Terabyte zum Yottabyte, das einer Quadrillion Bytes entspricht (eine Quadrillion hat übrigens 24 Nullen).

Falls Sie nicht glauben, dass wir unvermeidlich auf immer größere Datenspeichermengen zusteuern, dann betrachten Sie die folgende Neuigkeit, die eine Forschungsgruppe am Europäischen Bioinformatik-Institut in der Nähe der englischen Universitätsstadt Cambridge Ende Januar 2013 bekanntgab. Die Forscher berichteten, dass es ihnen gelungen sei, digitale Informationen in künstlich hergestellten DNA-Molekülen zu speichern und anschließend die ursprünglichen Dateien fehlerlos wiederherzustellen. Dabei handelte es sich zwar nur um 739 Kilobyte, aber »die Forscher sagten, dass ihre neue Methode, zu der auch eine Fehlerkorrektur-Software gehört, ein Schritt in Richtung eines Speichermediums für digitale Archive immenser Größe sei. Ihr Ziel ist ein System, in dem sich das Äquivalent von einer Million CDs in einem Gramm DNA 10 000 Jahre lang sicher speichern ließe.«[4]

Big Data ist für heutige Unternehmen kein Kostenaspekt mehr, dafür sorgt der rasche Kostenverfall der Speichermedien. Aber, während die Technologie die Anhäufung von immer mehr Daten ermöglicht – denkt da noch irgendjemand darüber nach, was diese Daten repräsentieren? Denken Sie über immer mehr Daten nach – und darüber, was diese Daten Ihnen in einer Welt der Generation-D-Kunden überhaupt nutzen werden?

Autopsie der »Kundenservice-Bewegung«

Geschäftsleute sammeln schon seit langer Zeit Daten über ihre Kunden. Es ist verständlich, dass sie gerne glauben würden, dass »immer mehr davon« die bevorstehende Kunden-Apokalypse aufhalten können. Schließlich stehen Daten seit Jahrzehnten im Zentrum aller Methoden, mit denen Unternehmen herauszufinden versuchen, wie sie am besten mit ihren Kunden umgehen sollten: von den ersten spontanen Versuchen über disziplinierte Ansätze bis hin zu exakt ausgefeilten Programmen für das »Engagement« der und für »Beziehungen« zu den Kunden. Schließlich entwickelte sich ein ganzer Industriezweig um das sogenannte »Management der Kundenbeziehungen« (*Customer Relationship Management*, CRM). Man beachte, dass hier das schlimme Wort »Management« auftaucht, das die Generation D so sehr verabscheut. Es sollte bewirken, dass die Unternehmen immer auf einer Linie mit den Kunden blieben, *gleichgültig*, in welche Richtung sie sich bewegten. Auf diese Weise sollte es genau die Dämonisierung und Zerstörung vermeiden, die in Kapitel 1 beschrieben wurde.

CRM bildet den Ursprung eines sehr wichtigen *falschen* Versprechens im Hinblick auf Daten, das die berüchtigte 360-Grad-Ansicht des Kunden betrifft. Das Konzept der »360 Grad« leitet sich von einem vollen Kreis ab und suggeriert, dass die Basis für ein tiefes Verständnis des Kunden geschaffen wird, indem man ihn in die Mitte eines Kreises stellt und alle Daten über ihn sammelt, sodass man ihn aus jedem beliebigen Winkel betrachten kann. Es folgt nun eine typische Definition des Begriffs der 360-Grad-Ansicht des Kunden aus einem Online-Lexikon:

Eine 360-Grad-Ansicht liefert einem Unternehmen ein vollständiges Bild der Dynamik seiner Beziehung zu einem Kunden.[5]

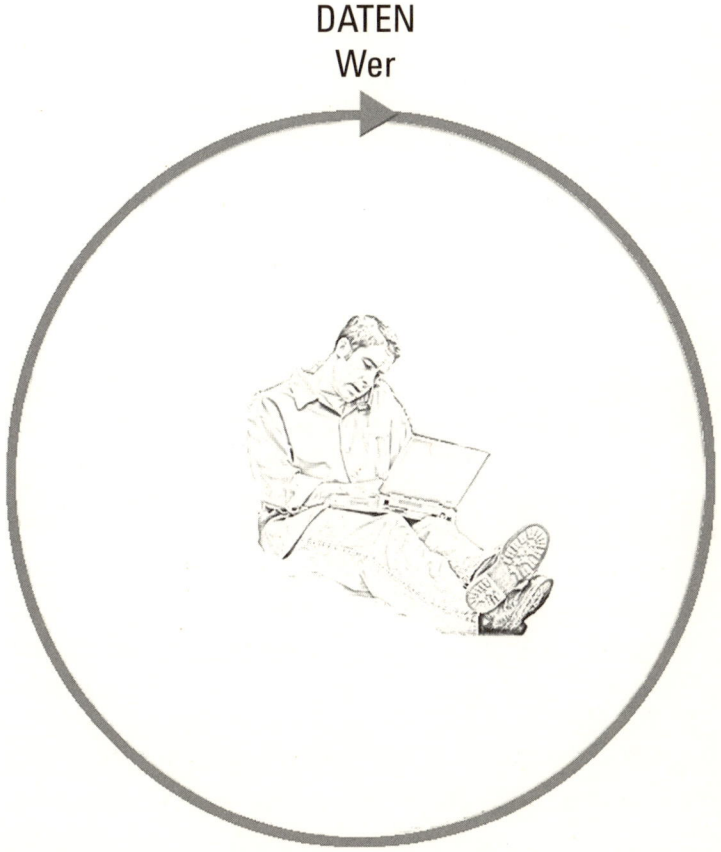

Nun kann es zwar hilfreich für die Beziehung zu einem Kunden sein, wenn man seine Daten kennt, aber Kunden sind keine einzelnen Amöben, die alleine in einer Petrischale schwimmen. Stellt man einen Kunden in die 360-Grad-Ansicht, sieht man nichts von dem größeren »Organismus«, dessen Teil er ist: dem Netzwerk aus Netzwerken in seiner Familie, seiner Arbeit und seinen sozialen Kontakten. Sie können den Kunden in der Mitte seiner Petrischale tage- und nächtelang beobachten, ohne jemals etwas von diesen Netzwerken mitzubekommen. Mit anderen Worten: Die 360-Grad-Ansicht mag zwar ganz interessant sein, aber sie ist ohne Zweifel unvollständig.

Dennoch hat dieses Konzept der 360-Grad-Ansicht des Kunden die gesamte Unternehmenswelt durchdrungen. Es ist allgegenwärtig. Eine kürzlich durchgeführte Google-Suche mit dem Stichwort »360 customer« ergab 428 Millionen Treffer. Doch die Geschichte des Konzepts ist eher durchwachsen, da es aus einer Kundenservice-Bewegung hervorging, die alle möglichen Methoden des Umgangs mit Kunden hervorgebracht hat – und längst nicht alle waren besonders kundenorientiert, wie das Beispiel der First National Bank of Chicago zeigte.

Ein weiterer Trend, der aus der Kundenservice-Bewegung und dem CRM hervorging und der mit Kostendaten und der Betrachtung des Kundenservice als Kostencenter einhergeht, ist die Industrialisierung des Kundendienstes, deren extreme Form das Outsourcing ist. Callcenter im Ausland mit mangelhaft ausgebildeten, oft wechselnden Mitarbeitern entstanden, und die kulturellen und sprachlichen Unterschiede trieben – und treiben – die Kunden in den Wahnsinn. Selbst Serviceorganisationen, die die schlimmsten und hartnäckigsten Auswüchse korrigierten, mussten in der Regel feststellen, dass es auch nichts half, wenn sie die Callcenter mit den »richtigen« Mitarbeitern besetzten. Diesen Leuten fehlten immer noch die Hilfsmittel, um ihre Aufgabe gut zu erledigen.

Ich weise darauf hin, dass das Problem hier nicht nur darin besteht, dass Kosteninformationen zu simplifizierten, schlechten Entscheidungen im Umgang mit den Kunden führen können. Das Problem liegt viel tiefer. Es geht nicht um den *Sinn und Inhalt* der Daten, sondern um das *Wesen* der Daten selbst.

Daten sind nichts weiter als Erinnerungen

Dies ist das Erste, was Sie über Daten wissen müssen: Sie drehen sich immer um die Vergangenheit. Daten sind Erinnerungen – und *nur* das. Ihre Speichereinrichtungen sind wie menschliche Gehirne, die voller Erinnerungen stecken. Lassen Sie Ihr Unternehmen einmal völlig außer Acht und denken Sie über Ihr Leben nach. Inwieweit beruhen die Dinge, die Sie zu einem effektiven Individuum machen, ausschließlich auf Ihren Erinnerungen? Und fördert nicht der rückwärtsgerichtete Fokus der Erinnerungen Entscheidungsmuster, die in der Gegenwart und Zukunft nicht unbedingt anwendbar sind? Was ist, wenn Sie Personen neu kennenlernen? Sind all die Daten vielleicht nur eine verführerische Beruhigung, mit der Ihnen Vieles von dem entgeht, was tatsächlich erforderlich wäre?

Diese Fragen werden in Unternehmen, die sich nur auf ihre Daten verlassen, nie gestellt. Und dennoch hören selbst Unternehmen, die bereits in Explosionsgefahr schweben, weiterhin auf die Hardware-Vertreter, die ihnen einreden, dass sie unbedingt massive Speichergeräte kaufen und sie mit allen nur erhältlichen Daten füllen müssen!

Fragen Sie sich also erneut: Ist immer mehr wirklich immer besser? Sicher ist jedenfalls, dass mehr Daten nicht unbedingt ein besseres Bild vom Kunden liefern. Wenn 360-Grad effektiv sein soll, muss es alle Informationen über einen Kunden im Lauf der Zeit und an allen Orten berücksichtigen. Es muss alle möglichen Arten von Daten umfassen, darunter die Geschichte aller bisher stattgefundenen Transaktionen und Marketing-Kontakte, aller Telefonate mit und Besuche von Vertriebsleuten und Kundendienstmitarbeitern, aller Beschwerden und Komplimente, die Ergebnisse aller Befragungen und so weiter. Beachten Sie erneut, dass »Geschichte« und »Ergebnisse« auf die Vergangenheit verweisen.

Selbst bei nur einem Kunden ergibt sich daraus eine riesige Datenmenge, in der sich Mitarbeiter nur schwer zurechtfinden und die sie kaum im Kopf behalten und so rasch interpretieren können, dass es hilfreich wäre. Wie verstehen Sie die Daten? Können Sie schnell eine Analyse der zeitlichen Abläufe durchführen? Weiß der einzelne Kundendienstmitarbeiter, wie er sie alle einsetzen kann? Hat er überhaupt genug Zeit, sich durch die Datenmengen zu kämpfen, während er mit dem Kunden spricht?

Daten werden schnell überwältigend, besonders, wenn Sie sich mit dem ganzen Kunden befassen wollen. Und sie müssen überall, an sehr vielen Stellen im ganzen Unternehmen abrufbar sein und auch genutzt werden: im Kontakt mit den Kunden, in der Verwaltung, im Kontaktzentrum – wie beispielsweise beim Kontakt mit den Kunden in einem Baumarkt – und so weiter.

Dazu kommt noch, dass zusammenhanglose Daten gar nichts bedeuten. Sie sagen Ihnen nur, *wer* der Kunde ist. Unter Zusammenhang verstehen wir hier beispielsweise alle Verbindungen, die für einen Kunden wichtig sind. Wenn Ihre Tochter die Versicherungsgesellschaft, bei der Sie schon seit Jahrzehnten versichert sind, um ein Angebot bittet, dann sollte sie als Teil Ihres von der Versicherung wertgeschätzten Familiennetzwerks behandelt werden. Wenn nun der Versicherer alle erdenklichen Daten über Sie besitzt, aber nicht erkennt, dass die Anruferin Ihre Tochter ist (sie kann ja einen anderen Familiennamen angenommen haben, was nur eines der möglichen Probleme ist), erhöht sich die Wahrscheinlichkeit, dass der Mitarbeiter am

Servicetelefon das Geschäft vermasselt. Die Liste der Daten umfasst nämlich keine Informationen über Familienmitglieder oder andere geschäftliche Verbindungen, die eventuell relevant sein könnten. Die traditionellen Befürworter des CRM und der Sammlung von immer mehr Daten konzentrieren sich rein auf die Masse und denken nicht daran, dass es stärker darauf ankommen könnte, das herauszufiltern, was Menschen in bestimmten Zusammenhängen als wichtig erachten.

Diese Probleme existieren bereits seit den Anfängen des CRM und die Befürworter der Big Data kümmern sich nicht um ihre Beseitigung. Sie sind immer noch damit beschäftigt herauszufinden, wie sie die vielen Daten speichern können. Daher müssen Sie sich die Daten immer noch aus vielen Quellen zusammensuchen, was oft sehr schwierig ist. Außerdem lässt sich den Mitarbeitern weiterhin schwer beibringen, wie sie mit den Daten, die sie für ihre Arbeit erhalten, das Richtige anfangen. Es ist schon schwer genug, den Menschen beizubringen, sich anhand von Daten eine Meinung zu bilden, aber es ist fast unmöglich, ihnen auch noch zu zeigen, wie sie immer mehr Daten durchkämmen und dann sinnvoll nachvollziehen sollen, was sich im Lauf der Zeit verändert hat. Und es verändert sich laufend eine ganze Menge, wenn Sie jeden verfügbaren Datenfetzen über jeden bestehenden und potenziellen Kunden sammeln.

Im Geist der Fairness sollte man sagen, dass die Befürworter des CRM und der 360-Grad-Ansicht versuchen, mit neuen, besseren Technologien Schritt zu halten. Es gibt Hybrid-Kombinationen aus Datenarchivierung und Informationssammlung in Echtzeit. Die hohe Aufmerksamkeit für die technischen Aspekte des Umgangs mit immer mehr Daten geht aber, so scheint es, auf Kosten der nötigen Überlegungen, wie die bereits gesammelten Informationen richtig angewendet werden sollten.

Selbstmord durch Daten

Es muss klar festgestellt werden: Riesige Datenmengen bedeuten natürlich nicht automatisch die Todesstrafe für ein Unternehmen. Es ist nicht so, dass man unter allen Umständen darin ertrinkt, sondern es ist wie in einem Ozean. Dort gibt es eine Menge Wasser, aber nur weil Sie darin schwimmen oder darauf segeln, müssen Sie nicht automatisch sterben. Sie können schwimmen und es gibt Mittel und Wege, um sich zurechtzufinden. Manchmal können Sie sogar ein wenig trinken, um den ärgsten Durst zu löschen, aber da es sich um Salzwasser handelt, geht das nicht sehr lange gut.

Daten sind wesentlich vielseitiger als das Wasser im Ozean, und das ist auch der Grund, warum selbst einige erfahrene »Schwimmer« und »Navigatoren« unter den großen Unternehmen untergegangen sind oder jetzt gerade in der Datenflut ertrinken. Manchmal verwenden die Unternehmen ihre Kundendaten auf eine Weise, die dem Selbstmord gleichkommt.

Einige der besten Beispiele ergaben sich aus einer Überfütterung der Kundendienstmitarbeiter mit Daten. Der Mensch kann schließlich nur eine endliche Menge an Informationen aufnehmen und behalten. Die Mitarbeiter werden beim Kontakt mit Kunden so überladen, dass sie die Kunden nicht so bedienen können, wie diese es gerne erleben würden. Ein derartiger struktureller Fehler bedeutet für praktisch jedes Unternehmen den Anfang vom Ende.

Es ist wieder die Bankenindustrie, die ein wirklich gutes Beispiel für den Selbstmord durch Datenüberlastung liefert. Vor längerer Zeit wollten sich die Banken unbedingt in Finanzsupermärkte verwandeln. Die grundlegende Idee war, den Kunden dazu zu bringen, eine ganze Kollektion von Finanzprodukten bei ein und derselben Bank »einzukaufen«, vom Sparkonto über Verbraucherkredite und Investitionen bis hin zu Sparplänen für die Altersversorgung. So sollten Privat- und Unternehmenskunden, Spar- und Aktiengeschäfte und – im Fall der Citibank – auch noch Reiseversicherungen unter einem Dach zusammengefasst werden. Die Deregulierung der Banken in den 1990er-Jahren schuf hervorragende Geschäftsmöglichkeiten, doch das bedeutet noch lange nicht, dass sie auch gut genutzt wurden.

Die Erfinder dieser Finanzsupermärkte dachten, sie könnten eine interne Verwaltungsorganisation aufbauen, die jedes einzelne dieser sehr diversen Produkte für die verschiedenen Arten des Bankgeschäfts verwalten konnte – von Kontaktzentren für die Ausgabe von Kreditkarten bis hin zu Hypotheken. Außerdem glaubten sie, dass die Kunden begeistert wären, wenn sie alle Geschäfte bei einer großen Organisation abwickeln könnten – ja, dass sie dies geradezu ersehnten. Es erschien ihnen absolut sinnvoll und sie waren sicher, dass die Kunden massenweise in den Supermarkt strömen würden.

Aus welchem Grund schlug das Experiment dann fehl? Auf der einen Seite hatten die Kundendienstmitarbeiter Zugriff auf riesige Mengen von Daten über ihre Kunden. Sie sahen jede Transaktion und jedes Produktangebot, sodass sie so etwas wie eine 360-Grad-Ansicht zur Verfügung hatten. Genauer gesagt hatten sie sogar Dutzende von 360-Grad-Ansichten. Leider waren die technischen Systeme jedoch ... nun, das treffende Wort ist *Schrott*. Die Daten waren nicht im Geringsten strukturiert und die zahlreichen Systeme, zwischen denen die Mitarbeiter hin und her wechseln mussten, boten ihnen kaum Orientierungshilfen. Sie waren nicht in der Lage, ihre Arbeit effektiv zu erledigen, und als sie in der Datenflut ertranken, zogen sie das gesamte Konzept des Supermarkts gleich mit hinab in die Tiefe.

Die Idee des Finanzsupermarkts war an sich sicher nicht falsch. Falsch war dagegen die blinde Verliebtheit in die Daten. Der

Ansatz war rein auf die Daten konzentriert, und die Mitarbeiter wurden zu etwas gezwungen, was sie einfach nicht leisten konnten: Sie hätten in Echtzeit alle Kundendaten so prozessieren sollen, dass sie erkannten, welche Produkte für den jeweiligen Kunden gerade geeignet waren, ohne ausreichende Hilfe der Technologie. Statt der gewünschten 360-Grad-Ansicht erhielten sie leider nur ein völlig verschwommenes Bild.

Eine andere Art von Selbstmord findet statt, wenn die Unternehmensleiter die großen Trends nicht wahrnehmen, weil sie so sehr auf ihre eigenen, eng gefassten Daten konzentriert sind. Das passierte Sony, als das Unternehmen nicht merkte, in welche Richtung sich seine Kunden bewegten. Sony hatte nur die eigene Geschichte und die auf die Vergangenheit bezogenen Daten im Blick und achtete nicht auf die Zukunft und darauf, dass die Kunden längst weg von den CDs und hin zu digitalen Musikdateien tendierten. Das Unternehmen ignorierte die veränderten Kaufmuster der Kunden und deren Botschaft, aus der Sony hätte ablesen können, welche Angebote die Kunden in welcher Form geliefert haben wollten.

Sony hätte das gesamte Geschäft mit digitaler Musik *dominieren* können, von der Aufzeichnung bis zur Verteilung, denn das Unternehmen verfügte über alle Möglichkeiten mit eigenen Geschäftsbereichen für jeden Teil der Kette, von Aufnahmestudios bis hin zu Abspielgeräten. Diesen Punkt betont Steve Jobs in seiner autorisierten Biografie: Apple war der Eindringling, der Sonys Geschäftsgrundlage zerstörte.[6] Währenddessen blickten die Leiter von Sony weiterhin von innen heraus auf die Welt. Sie waren mit der Struktur ihres Unternehmens und mit dem Schutz seiner Vermögenswerte beschäftigt. Den Blick von außen (also vom Kunden auf das Unternehmen) nahmen sie kaum zur Kenntnis.

Sonys Walkman und Discman, die einstigen Weltmarktführer im Bereich der Musikunterhaltung, wurden nicht nur wegen technologischer Fortschritte überholt, sondern auch wegen der Art und Weise, wie die Generation C und ihre Vorläufer ihre persönlichen Beziehungen zu Musikaufnahmen betrachten. Apple traf mit seinen Vorhersagen genau ins Schwarze. Dort wurden Daten aus der Vergangenheit mit Informationen über die künftigen Wünsche und Ziele der Kunden kombiniert, und so konnten der iPod und iTunes zusammen das Musikgeschäft revolutionieren und dabei der Vernetzung eine ganz neue Bedeutung geben. Ein Gerät, Musik, ein jederzeit zugänglicher Shop, Empfehlungen, die bei häufigerer Nutzung des Systems immer besser werden – das alles war und ist nahtlos integriert. Bisher funktioniert es auch für die Generation D noch sehr gut, aber irgendwo brütet sicher schon jemand, der wesentlich jünger ist als Sie oder ich, über der nächsten revolutionären Erfindung, die zu einer Zerreißprobe für Apple wird. Vielleicht sollte *disruptive* (zerstörerisch) noch zu den Bedeutungen des »D« in »Generation D« hinzugefügt werden. Und tatsächlich gewinnen neue Herausforderer wie Spotify, Pandora und Beats Music bereits Marktanteile, indem sie die Daten über die musikalischen Vorlieben einer Person mit Informationen darüber kombinieren, was andere Leute mit ähnlichem Geschmack gerne hören. So verschieben sie die Daten aus der Kategorie der Erinnerung eines Einzelnen in die der zuverlässigeren kollektiven Erinnerungen.

In der Wirtschafts-Geschichte gibt es unzählige Fälle von Selbstmord durch Daten. Oft geht das Scheitern von Unternehmen auf die zu starke Abhängigkeit von Daten zurück. Die Datenbesessenheit nährt die falsche Gewissheit, dass es der Firma gut geht (auf der Grundlage der Daten aus der Vergangenheit), während direkt drohende Veränderungen und Bedrohungen nicht wahrgenommen oder verdrängt werden. In der weiter gefassten Unterhaltungsindustrie verfehlen Unternehmen ihre Ziele immer und immer wieder, weil sie nicht erkennen, wohin sich die Kunden bewegen. So gehen sie am Ende den Weg der Dinosaurier und sterben aus.

Interessanterweise haben aber die vielen Fälle von »Tod durch Daten« kaum Auswirkungen auf die Operationen der Unternehmen. Anstatt über die Daten hinauszublicken, setzen sie immer kompliziertere Systeme ein, in denen die Kundendaten dynamischer verarbeitet werden denn je. Sony hätte das vielleicht geholfen, aber dennoch verharrt dabei der Fokus auf den Daten. Unternehmen treten sich gegenseitig auf die Füße, um möglichst jedes kleinste Bisschen an Informationen über die Kunden zu erhaschen. Sie erfassen die Abfolge der einzelnen Seiten einer Website, die Sie durchsuchen, jede Ware, die Sie ansehen, aber nicht kaufen, und alle Punkte, die Sie im Voicemail-System auswählen, und sie speichern, wie viele Sekunden Sie auf dieser oder jener Webseite verweilen, bevor Sie weiterklicken und ... *ad infinitum*. Und all das tun sie, weil sie felsenfest davon überzeugt sind, dass sie die gesammelten Daten bei den Interaktionen mit ihren Kunden positiv und auf gewinnbringende Weise verwenden können.

Gruselige Datensammlung

Wenn Sie Ihre Netze zur Datensammlung derart weit und unkontrolliert auswerfen, kann es vorkommen, dass Sie völlig neue Fehler begehen, an die Sie überhaupt nicht dachten. Diese Fehler erinnern dann aber die Kunden der Generation C daran, warum sie Sie hassen, und die Kunden der Generation D daran, warum ihnen Ihr Schicksal völlig gleichgültig ist. Kunden der Generation D teilen ihren Freunden in sozialen Medien zwar die intimsten Details aus ihrem täglichen Leben mit, aber wenn sie den Eindruck erhalten, dass Ihr Unternehmen Informationen über sie sammelt, werden sie sehr ärgerlich. Dies ist besonders dann der Fall, wenn Sie diese Informationen einsetzen, um ihnen etwas zu verkaufen. Dann werden Sie schneller dämonisiert, als Sie bis drei zählen können.

Gruselige Datensammlung

Im letzten Jahrzehnt bekam Facebook einen Vorgeschmack darauf. Die soziale Website startete im November 2007 einen Zusatzdienst zu ihrem eigenen Werbesystem namens Beacon. Das System sammelte Daten über Facebook-Mitglieder auf den Websites von Drittanbietern wie Yelp, Blockbuster, HotWire und weiteren 44 Partner-Websites. Einige der Aktivitäten von Facebook-Nutzern auf den Partner-Websites wurden anschließend im Facebook-Newsfeed der jeweiligen Personen angezeigt.

Kurz nach dem Start kam es zu massiven Protesten vonseiten der Benutzer und von Datenschutz-Befürwortern. Und als in einem Bericht veröffentlicht wurde, dass Beacon auf den Partner-Websites sogar Daten von Personen sammelte, die keine Facebook-Mitglieder waren, und dass die Aktivitäten auf den Partner-Websites auch dann in Facebook veröffentlicht wurden, wenn der Nutzer diese Option explizit deaktiviert hatte, wurden die Bedenken immer akuter. Die Kontroverse führte zu einer Sammelklage vor Gericht und schließlich wurde Beacon im September 2009 von Facebook wieder deaktiviert.

Zwei Jahre später bezeichnete Mark Zuckerberg, der CEO von Facebook, Beacon als einen von »wenigen Fehlern, die großes Aufsehen erregten« und die »häufig einen Großteil der guten Arbeit, die wir leisten, überschatten«.[7] Seitdem scheint Facebook begriffen zu haben, wie sich Werbung auf weniger Besorgnis erregende Weise in das Geschäftsmodell integrieren lässt.

Unternehmen stehen heute vor folgendem Paradox: Einerseits erwarten die Kunden der Generation D, dass die Unternehmen sie kennen, wenn sie mit ihnen zu tun haben, aber andererseits wollen oder dürfen sie nicht wissen, dass die Unternehmen die dazu nötigen Daten über sie sammeln. Wie soll das funktionieren? Und wie soll man die Daten auf eine Weise sammeln, die nicht ... nun ... *Besorgnis erregend* erscheinen?

Google und andere E-Mail-Dienste suchen in unseren Nachrichten nach Schlüsselwörtern, die verraten, welche Produkte uns möglicherweise interessieren. Und sie sind nicht die Einzigen. Ihre Fragen in automatischen Voicemail-Systemen werden aufgezeichnet und ausgewertet, ebenso wie alles, was Sie in Internet-Suchmaschinen eingeben, oder auch jede Frage an Siri, die Auskunft mit der freundlichen Stimme in den iPhones von Apple.

Viele Informationen, die die Unternehmen sammeln, sind am Ende »falsche Treffer«, vor allem wenn dies immer mehr in Echtzeit geschieht. Nehmen wir an, Sie versenden eine E-Mail, in der Sie dies oder das erwähnen, oder Sie kaufen im Internet Babysachen für eine schwangere Freundin und plötzlich bekommen Sie lauter Werbeanzeigen für Dinge, die nur für Eltern interessant sind. Sie haben aber gar keine Kinder und es ärgert sie. Sollten Sie zur Generation D gehören, dann wirkt es sogar noch schlimmer: Sie entwickeln einen Hass gegen den Anbieter und auch gegen die Website, die die Informationen weitergab. Vielleicht kündigen Sie den Dienst, mit dem das alles begann, und vielleicht bloggen Sie auch darüber oder Sie schließen sich mit anderen Nutzern zusammen, denen dasselbe passiert ist, und boykottieren die betreffenden Firmen. Die Generation D ist manchmal bereit, Rache zu üben, und dann ist Ihr Unternehmen so gut wie tot.

Sollten Sie immer noch an der Ernsthaftigkeit des Problems zweifeln, dann betrachten Sie noch eine weitere wahre Geschichte über Big Data, die Ihnen als Warnung dienen soll.

Bei jedem Einkauf geben Sie den Einzelhändlern intime Details über Ihre Verbrauchsmuster preis. Viele Einzelhändler studieren diese Informationen genau um herauszufinden, was Sie mögen, was Sie brauchen und welche Coupons Sie wohl am glücklichsten machen würden. Das Filialunternehmen Target hat beispielsweise gelernt, sich über Daten einen Blick in Ihre Gebärmutter zu verschaffen. Das Unternehmen weiß, dass Sie ein Baby erwarten, lange bevor Sie die ersten Windeln kaufen.[8]

Vielleicht haben Sie schon davon gehört, oder Sie können sich zumindest denken, wie die Geschichte weitergeht. Aber Sie werden überrascht sein, wie ernst die Sache tatsächlich ist.

Es stellte sich heraus, dass Target allen Online-Kunden eine »Gast-ID« zuweist, die mit ihren Namen, Kreditkarten, E-Mail-Adressen und so weiter verknüpft wird. Diese ID-Nummern werden außerdem mit einer Aufzeichnung jedes Einkaufs und jeder demografischen Information verknüpft, die Target sammeln oder aus anderen Quellen kaufen kann. Im Lauf der Zeit überlegten sich die Datenanalytiker bei Target eine Kombination von Produkten, die ihrer Meinung nach stark darauf hindeutete, dass jemand ein Baby erwartete (bestimmte Pflegeprodukte, besonders große Wattepackungen und Ähnliches).

Als Target einem jungen Mädchen im Umkreis von Minneapolis ein Couponheft für lauter Baby-Produkte zusandte, geriet ihr Vater in Rage und stellte den Leiter einer Filiale zur Rede. Später stellte sich im Gespräch mit seiner Tochter heraus, dass sie tatsächlich schwanger war. Target reagierte auf dieses Fiasko und geht beim Versand von Coupons nun diskreter vor.

Rufen Sie sich nun alles ins Gedächtnis, was Sie über die Generation C und besonders über die Generation D wissen, und verbinden Sie es mit dieser Geschichte von Target. Lesen Sie außerdem, was Andrew Pole, der Entwickler des Schwangerschaftsvorhersage-Modells von Target, der *New York Times* für eine Story über Datenerfassung und die schwangere Jugendliche in Minneapolis erzählte.

Wie werden Frauen reagieren, wenn sie erfahren, wie viel Target über sie weiß?

»Wenn wir jemandem einen Katalog schicken und schreiben: ›Herzlichen Glückwunsch zu Ihrem ersten Kind!‹, obwohl diese Person uns nie mitteilte, dass sie schwanger war, werden sich einige Leute unbehaglich fühlen«, sagte Pole zu mir. »Wir achten streng auf die Einhaltung der Datenschutzgesetze, aber selbst wenn man die Gesetze befolgt, kann man Dinge tun, bei denen viele Menschen ein unangenehmes Gefühl beschleicht.«[9]

Unangenehm ist das richtige Wort. Dies ist eines der ungeheuerlichsten Beispiele für das, wozu 360-Grad-Ansichten führen können. Wahrscheinlich ist Target seither den Angehörigen mehrerer Generationen – C, D und auch ältere – *bestenfalls* sehr suspekt. Die Geschichte zeigt, was passiert, wenn 360-Grad-Ansichten außer Kontrolle geraten.

Hinter die Daten sehen

Vor uns liegt – kurz zusammengefasst – die Herausforderung, dass wir einen Weg finden müssen, um die Daten auf sinnvolle Weise zu nutzen, insbesondere weil die Datenmenge mittlerweile so groß wird, dass ein Name dafür erst erfunden werden muss. Das ist die einzige Alternative zum Tod oder Selbstmord durch Daten. Die Daten müssen so genutzt werden, dass kein bestehender oder potenzieller Kunde verletzt wird, dass ihm keine bestimmten Verhaltensweisen aufgezwungen werden, die ihm zuwider sind, und dass eine Art von Authentizität entsteht, die Raum für das weiter oben beschriebene, wichtige Gefühl lässt, dass der Kunde Sie entdeckt und nicht umgekehrt. Sie müssen der Generation D zeigen, dass Sie ihre Daten respektvoll behandeln. Wie gesagt, die Generation D erwartet zwar, dass Sie über sie Bescheid wissen, aber sie will nicht wirklich wissen, dass Sie Daten über sie sammeln. Sie müssen den Kunden die Gelegenheit bieten, etwas so Beeindruckendes zu entdecken, dass sie nicht mehr an die schnöde Wirklichkeit denken, die da lautet, dass Sie Daten verfolgen, erfassen, analysieren und so weiter. Mit anderen Worten: Die Menschen dürfen gar nicht erst auf die Tatsache aufmerksam werden, dass Sie *eben doch* jemanden managen, der auf keinen Fall als Ihr Kunde bekannt sein oder in irgendeiner Beziehung zu Ihnen stehen will.

Doch das ist nur ein Teil der Lösung. Daten alleine werden Sie nicht vor dem Schicksal der Kunden-Apokalypse retten. Daten erzählen Ihnen lediglich von der Vergangenheit des Kunden, aber was ist mit seiner Zukunft – und hier vor allem mit seiner Zukunft mit Ihrem Unternehmen? Was nützen Ihnen Daten, die Ihnen sagen, *wer* Ihre Kunden sind, wenn Sie nicht wissen, wie Sie das in die richtigen Taten ummünzen sollen?

Wenn Sie Ihre Kunden der Generation C und D nur durch die Datenlinse betrachten, sehen Sie ein verschwommenes, schwarz-weißes Bild wie auf einem alten Fernsehgerät. Auf diese Weise werden Sie nie die bunten Farben erkennen, die Ihnen ein tieferes Verständnis enthüllen und Sie zu den bestmöglichen Aktionen führen können.

3
URTEILSFÄHIGKEIT UND WÜNSCHE HINZUFÜGEN

Quelle: *Barton Silverman/The New York Times/Redux.*
Abgedruckt mit freundlicher Genehmigung.

Ihr Unternehmen hat heute wesentlich mehr Kundeninformationen als je zuvor. Sie beschränken sich auch nicht mehr nur auf die interne Kundendatenbank, sondern sie werden ergänzt, und oft sogar in den Schatten gestellt, von vielseitigen Marktforschungsdaten sowie Informationen über Gefühle und Meinungen, die durch Stimm- und Textanalyse gewonnen werden. Schließlich haben Sie vielleicht auch Daten aus sozialen Medien und Websites gesammelt. Und genau diese letzte Kategorie der aus sozialen Medien und Websites gesammelten Daten ist entscheidend, vor allem im Umgang mit der Generation D. Niemand wundert sich mehr darüber, dass man auf LinkedIn mehr Informationen über Mitarbeiter findet als in der eigenen Personalabteilung. Heute lassen sich diese detaillierten Informationen aus zahlreichen Domänen korrelieren, sodass Sie aus dieser Quelle noch mehr Informationen beziehen können – die kollektive Erinnerung an Interaktionen im gesamten Internet.

Die Informationen sind aber nur nützlich, wenn Sie sie auf die richtige Weise ergänzen. Natürlich können Ihnen die Daten sagen, *wer* der Kunde war, aber das *Wer* ist lediglich eines der »sechs W«, die eine vollständige Geschichte ergeben. Sie werden bald verstehen, weshalb Sie alle sechs brauchen, denn sie sind für eine gelungene Ausrichtung auf den Kunden nicht weniger wichtig als für hervorragenden Journalismus. Außerdem können Daten – also Erinnerungen – bestenfalls darauf *hindeuten*, wer Ihr Kunde morgen sein wird oder wer Ihr nächster Kunde sein wird. Sie müssen wissen, *warum* sich Kunden ganz allgemein für Kontakte interessieren und warum sie speziell mit Ihnen zu tun haben wollen. Sie brauchen ein klares Bild davon, *was* Sie bestimmten Kunden anbieten sollten. Es genügt nicht zu wissen, was Sie den vielen anderen Kunden in Ihrer riesengroßen Datenbank bereits angeboten haben. Sie müssen herausfinden, *wo* Ihre gegenwärtigen und zukünftigen Kunden am liebsten bedient werden – über welche Kanäle, an welchen Orten und Ladenstandorten. Außerdem müssen Sie wissen, *wie*

Sie in Zukunft liefern werden, was Ihre Kunden erwarten. Wie Sie es bisher getan haben, ist sekundär. Dies ist bereits der Anfang einer neuen, einem Schichtkuchen ähnlichen Denkweise, wie sie weiter hinten ausführlich beschrieben wird.

Wie ermitteln Sie die anderen fünf »W«? Wie wechseln Sie vom alten Schwarz-Weiß-Fernsehgerät zum Farbfernsehen? Zuerst müssen Sie die Daten in einen *Kontext* stellen. Wo Daten alleine verwirrend und sogar gefährlich sein können und zu viele Daten Sie umbringen, ist der *Kontext* die erste Verteidigungslinie und die Grundlage für Erkenntnisse, nach denen Sie aktiv handeln können.

Daten im Kontext

In Kapitel 2 werden Daten mit den Erinnerungen im Gehirn verglichen. Wenn wir jedoch nur Erinnerungen haben, bleiben wir in der Vergangenheit verhaftet und sind weitgehend ineffektiv. Wir können keine Entscheidungen treffen und nur das wiederholen, was wir früher bereits getan haben, ohne neue Motivationen oder Variationen zu berücksichtigen. Für sich alleine genommen sind Daten noch keine Grundlage für Urteilsfähigkeit. Sie können Wünsche weder ausdrücken noch erfüllen. Wenn Sie die Erinnerungen aber mit *Absichten* kombinieren, werden die Daten in einen Kontext gestellt. So erhält die Mixtur noch die beiden Zutaten der Persönlichkeit und der individuellen Interpretation.

Die *Absicht* wirkt in zwei Richtungen, sodass Ihr Bild vom Kunden zweidimensional wird. Sie erfahren erstens, *warum* der Kunde zu Ihnen kommt (Kundenabsicht), und zweitens, *was* Ihr Unternehmen bei diesem Kunden erreichen will (Unternehmensabsicht). Die Absicht erweitert das einzelne Wer zu Wer/Was/Warum. Kundenwünsche und -vorlieben – ihre Absichten – stellen eine reichhaltige neue Quelle für Erkenntnisse dar, und verantwortungsvolle Unternehmen lernen, sie zu analysieren und ernst zu nehmen. Die Generation D mag es zwar nicht, wenn Sie ihr etwas verkaufen oder sie als Kunden »in Besitz nehmen« wollen, aber sie ist sehr wohl bereit, mit Ihnen in Dialog zu treten. Wenn Sie sie dazu bringen können, Sie zu entdecken, sodass Sie ihnen zuhören und ihre Absichten kennenlernen können, befinden Sie sich in einer viel stärkeren Position, um mit ihnen eine Verbindung herzustellen, ihre Vorlieben vorherzusehen und das Gespräch in Gang zu halten. Große Mengen an Daten ohne Absicht haben zur Folge, dass die Menschen in Ihrem Unternehmen und auch die Systeme, die sie unterstützen sollen, mit viel zu viel falsch strukturierten Informationen überschüttet werden, die zur falschen Zeit und sehr häufig auch am falschen Ort ankommen.

Kurz gesagt umfasst die *Absicht* die Persönlichkeit Ihrer Kunden, ihre Ziele, Wünsche, Bedürfnisse und Vorlieben. Gleichzeitig ist sie Ihre Interpretation von Ihrem Kunden, Ihren Geschäftszielen und von der Art und Weise, wie Sie die Beziehung zu dem Kunden gestalten wollen. Wenn Daten wie Erinnerungen sind, dann stellt die Absicht die durch *Urteilsfähigkeit* abgemilderten *Wünsche* dar.

Nur wenn Sie die Erinnerungen mit Urteilsfähigkeit und Wünschen kombinieren, können Sie das verschwommene Schwarz-Weiß-Bild aus 360-Grad-Daten langsam hinter sich lassen. Die Absicht verwandelt die Schwarz-Weiß-Daten in ein sattes, buntes Bild. Sie bewegen sich von den einfachen Tatsachen weg und hin zu einer ganzen Palette von Farben. Die Absicht haucht den Daten Leben, Fokus und Relevanz ein. Sie macht aus der Erinnerung an die Vergangenheit zumindest den ersten Teil eines wirkungsvollen Wissenswerkzeugs, mit dem Sie die Gegenwart und Zukunft beleuchten können. Dies alles gelingt ihr, weil sie reaktives in proaktives Verhalten verwandelt. Stellen Sie sich die Daten wie den Mount Rushmore vor, bevor er von den Bildhauern Gutzon und Lincoln Borglum bearbeitet wurde. Die

Köpfe von Washington, Jefferson, Roosevelt und Lincoln waren bereits in dem massiven Felsen vorhanden, aber erst die Absicht der Bildhauer brachte sie ans Licht.

Vom Schwarz-Weiß-Bild zum Farbbild

Das wichtige Konzept der Farbgebung wird vielleicht durch eine Analogie zum Baseball, genauer gesagt zu dem Star-*Pitcher* (Werfer) der New York Yankees, C.C. Sabathia, noch deutlicher. Sie zeigt, wie viel Ihnen noch fehlt, wenn Sie sich allein auf Daten verlassen, und wie wenig es wert ist, wenn Sie nur Durchschnittswerte betrachten, wie es bei einfachen Datenanalysen häufig der Fall ist.

Sabathia wirft beim ersten Pitch mit rund 40 Prozent Wahrscheinlichkeit einen Fastball. Weniger wahrscheinlich sind Slider (etwa 25 Prozent) und Sinker, und nur in ganz seltenen Fällen wirft er einen Change-up. Ein *Batter* (Schläger), der Sabathia frisch gegenübertritt, rechnet also in der Regel mit einem Fastball. Auf gar keinen Fall jedoch bereitet er sich auf den Durchschnitt aller möglichen Wurfvarianten vor, die Sabathia beherrscht, denn einen solchen Wurf gibt es im Baseball nicht. Der Durchschnitt wäre für den Batter ungefähr so nützlich wie die durchschnittliche Anzahl der Beine aller Tiere auf einem Bauernhof, auf dem es ebenso viele Hühner wie Rinder gibt. Was hilft es Ihnen, wenn Sie wissen, dass die Tiere durchschnittlich drei Beine haben?

Wie trifft also ein Batter in Windeseile sein Urteil? Nun, er stellt sich zwar auf den Fastball als ersten Wurf ein, aber ein Spieler auf dem Niveau der Major League beobachtet zusätzlich noch, wie der Pitcher den Ball hält. Er konzentriert sich darauf, wie die Nähte liegen, wenn der Ball die Hand des Pitchers verlässt. Durch diese Zeichen erhält der Datenpunkt *Fastball* die ersten Farben. Je nachdem, wie der Batter diese Hinweise interpretiert, urteilt er und reagiert entsprechend.

Mein Kollege Dr. Rob Walker, von dem diese Analogie stammt, sagt über die Unterscheidung zwischen den Kontextvarianten: »Schneller als gedacht, hat man dann eine breite Farbpalette zur Auswahl.« Und damit kann man die Absicht des Kunden wesentlich besser verstehen.

Urteilsfähigkeit in den Mix einbringen

Wenn Sie Ihre Urteilsfähigkeit in die Mixtur einbringen, können Sie aus den Daten viel mehr herauslesen, als wenn Sie sie alleine betrachten. Wenn Sie beispielsweise eine Kreditkartenfirma betreiben und einer Ihrer Kunden zwei identische Abbuchungen auf seinem Auszug hat, sind diese Daten alleine nicht aussagekräftig. Aber Ihr Urteilsvermögen sagt Ihnen, dass es sich dabei um eine versehentliche Doppelbuchung handeln könnte, und Ihre Absicht, beste Kundenbeziehungen zu pflegen, veranlasst Sie vielleicht dazu, eine der Buchungen zu prüfen (selbstverständlich unter Befolgung bestimmter Regeln), bevor der Kunde den Auszug zur Prüfung erhält.

Es folgt ein weiteres Beispiel, das Sie vielleicht schon einmal selbst erlebt haben. Sagen wir, Sie rufen bei Ihrer Kreditkartengesellschaft an, weil Sie auf Ihrem Kontoauszug eine Unstimmigkeit entdeckt haben: »Ich kann die Abbuchung von 70 Dollar für DBA/Scintilla Business Services nicht nachvollziehen«, erklären Sie dem Kundendienstmitarbeiter. »Was können Sie da unternehmen?«

Da die Namensangaben auf Kreditkartenabrechnungen oft rätselhaft sind, sind solche Probleme nicht selten. Wenn die Kreditkartengesellschaft nun nicht nur Daten über Buchungen an die DBA/Scintilla Business Services gesammelt hätte, sondern auch über andere Kunden, die wegen dieser Buchungen angerufen haben, könnte das System bis zu einem gewissen Grad selbst eine Urteilsfähigkeit entwickeln. Wurden die Buchungen bei den anderen Kunden rückgängig gemacht? Wurden sie rückgängig gemacht, aber anschließend erneut von der Firma gefordert und diesmal von den Kunden akzeptiert? Dies alles können die Daten Ihnen zeigen, und Ihre Urteilsfähigkeit kann daraus eine Absicht festlegen: Was werden Sie tun, wenn dieses Problem erneut auftritt? Vielleicht sagen Ihnen Ihre Informationen ja, dass der Name zu einem Blumengeschäft gehört. Dann ist der Name zwar nicht besonders glücklich gewählt, aber fast alle Kunden erkennen im Gespräch mit Ihnen, dass sie tatsächlich Blumen an ihre Frau oder Freundin geschickt haben. Ihr System könnte diese Daten kombinieren, Urteilsfähigkeit einsetzen und mit der Zeit etwas lernen, das es Ihnen erlaubt, gleichzeitig die Absicht des Kunden und Ihres Unternehmens zu erfüllen: Der Kunde möchte seine Frage zügig und klar beantwortet wissen, und Ihr Unternehmen will eine reibungslose Kommunikation mit dem Kunden, die dazu führt, dass eine legitime Forderung nicht rückgängig gemacht werden muss. Sie könnten sogar noch weitergehen und dem Blumenhändler vorschlagen, dass er einen leichter erkennbaren Namen für sein Geschäft wählen sollte, oder Sie könnten in den Posten auf der Abrechnung eine kurze Beschreibung einfügen, sodass die Kunden besser erkennen, worum es sich handelt.

Dies alles ergänzt das *Wer* des Kunden in Ihrem Unternehmensspeicher um das *Was* und *Warum*. Darüber hinaus versetzt es Sie in die Lage, seine Wünsche optimal vorauszuahnen und zu reagieren.

Ein weiteres Beispiel ist die Versicherungsgesellschaft Farmers Insurance. Heute ist Farmers bekannt als hervorragender Versicherer von privatem und kommerziellem Eigentum. In einer ihrer neueren Werbekampagnen mit dem Titel »University of Farmers« betonte die Firma weithin sichtbar ihre Stärke auf diesem Gebiet. Die Unternehmensleitung nahm erst vor wenigen Jahren die Unternehmensprozesse genau unter die Lupe und trieb eine Veränderung voran, die Farmers in mehreren hart umkämpften Marktsegmenten auf die Position des Marktführers katapultierte.

Das Unternehmen erkannte eine Chance in dem schlecht versorgten Markt der Versicherungen für Unternehmer, denn dort hatten Versicherungen bisher hauptsächlich standardisierte Policen verkauft, anstatt sie auf die speziellen Bedürfnisse unterschiedlicher Unternehmen zuzuschneiden. Natürlich konnte Farmers derartig spezielle Policen strukturieren, aber dazu mussten die Vertreter sehr viel kommunizieren, um alle notwendigen Informationen zu erhalten – sowohl mit den Systemen als auch mit den Antragsprüfern innerhalb der Gesellschaft. Es dauerte oft sehr lange und potenzielle Kunden wurden nur allzu oft schlecht beraten – oder sie wechselten gleich zu einer anderen Versicherungsgesellschaft.

Vielleicht wollen Sie ja ein brasilianisches Grillrestaurant eröffnen, eine sogenannte Churrascaria. Glückwunsch! Sie haben alle Genehmigungen beisammen, Mitarbeiter eingestellt und den offenen Grill für die zahllosen Fleischspieße eingerichtet, die Ihre Gäste bald genießen sollen. Mit Fleisch kennen Sie sich auch bestens aus, aber Sie wissen nicht, ob die offene Flamme des Grills in die Brandschutzklauseln Ihrer Unternehmensversicherung eingeschlossen ist. – Es ist schließlich Ihre erste derartige Versicherung. Und Sie wissen auch nicht, ob man sich an Ihrem Standort gegen Schäden versichern kann, die von alkoholisierten Gästen verursacht werden. (Das ist nicht in allen US-Bundesstaaten möglich.) Also rufen Sie Ihren Farmers-Vertreter an, bei dem Sie auch privat versichert sind.

Früher hätte der Farmers-Vertreter all diese Informationen nicht sofort zur Verfügung gehabt. Er kannte sich mit Autos und Häusern aus, aber das komplizierte Regelwerk für die Versicherung spezialisierter, kleiner Unternehmen war viel zu undurchsichtig für eine schnelle Angebotserstellung.

Sie mussten also oft tage- oder wochenlang auf ein erstes Angebot warten. Noch mehr Zeit verstrich, während die Police aufgesetzt und geprüft wurde, und wenn sich dann die Risikoprüfer mit den genauen Einzelheiten beschäftigten, konnte es gut sein, dass der ganze Prozess noch einmal von vorne beginnen musste. Dieses Hin und Her führte zu immer mehr Ungewissheit und Verzögerungen. Statt sich auf die große Eröffnungsfeier vorzubereiten, mussten Sie sich mit Ihrer Versicherung herumschlagen, weil manche Dinge, die für brasilianische Spezialitätenrestaurants ganz gewöhnlich sind, stark von den Fragen abweichen, die Unternehmensversicherer in ihren Standardformularen vorsehen. Ein Beispiel ist die Frage, ob am offenen Feuer gegrillt wird (oder, wenn man eine Pizzeria eröffnet, ob man auch Fahrer beschäftigen will, die die Pizzas mit dem Auto ausliefern).

Farmers wusste, dass es eine bessere Möglichkeit geben musste. Also nahm sich das Unternehmen die Kundenerfahrung als Ausgangspunkt und plante von außen nach innen. Das Ziel war eine naht- und reibungslose Erfahrung für die Versicherungsvertreter und ihre Kunden. Die Absicht des Kunden bildete den Ausgangspunkt (»Geben Sie mir schnell ein verlässliches Angebot.«), und von dort aus wurden alle Daten, alle komplizierten Unternehmensvorschriften sowie die Gesetze von Staat, Bundesstaaten und Gemeinden in den richtigen Zusammenhang gebracht. Farmers wollte erreichen, dass sowohl die festangestellten Versicherungsvertreter als auch unabhängige Agenten, die ihre Kunden von einer bestimmten Versicherungsgesellschaft überzeugen können, die Vorteile erkannten, die Farmers ihnen bot.

Es ist nicht einmal besonders schwierig, über die Daten hinaus zur grundlegenden Absicht zu gelangen: Sie müssen nur eine Möglichkeit finden, die Urteilskraft und den gesunden Menschenverstand Ihrer besten Mitarbeiter in alle direkten Kundenkontakte zu integrieren. Vom Konzept her änderte Farmers seine Geschäftstätigkeit auf ganz einfache Weise: Das Unternehmen versetzte sich in die Lage seiner Vertreter, Agenten und Kunden, verband die Daten mit den Absichten und beseitigte im Übrigen alles, was umständlich war. Das System wurde so gestaltet, dass zum richtigen Zeitpunkt die richtigen Fragen gestellt werden, damit es leichter ist, eine gute Beziehung zu Unternehmern aufzubauen *und* die Angebote schnell zu erstellen.

Durch die Ordnung der zahlreichen komplexen Regeln für die vielen verschiedenen Risikoarten »verpackte und erneuerte« Farmers ein unfreundliches Transaktionssystem und verwandelte es in eine kundenzentrierte Plattform, die auch die Absicht des Unternehmens berücksichtigte und in ihren Abläufen umsetzte. Durch diese Verwandlung konnten Tausende von Versicherungsagenten ohne spezielles Training für jede Art von Unternehmen individuelle Policen anbieten. Der Unterschied lag in der Einbeziehung der Absichten: Farmers kombinierte die Wünsche der Kunden mit den Absichten des Unternehmens und kämpfte sich so aus der Mitte des Feldes an die Spitze. Das Unternehmen revolutionierte seine Ergebnisse bei kleinen kommerziellen Unternehmen, verdoppelte seinen Marktanteil und steigerte den Absatz von Umbrella-Policen um 70 Prozent.

Ach, und übrigens verkürzte der neue Ansatz die normale Wartezeit auf ein Angebot von zwei Wochen auf rund 15 Minuten.

Ich selbst habe beobachtet, wie Unternehmen ihre Bindungen zu den Kunden stärken, indem sie Absichten und Daten koppeln. Die Wende stellt sich immer dann ein, wenn sie sich nicht mehr als Sklaven der Daten sehen, und wenn sie den unmöglichen Traum aufgeben, alle nur möglichen Daten zu sammeln. Alle Sammelleidenschaften haben schließlich die eine Gemeinsamkeit, dass am Ende niemand – auch nicht der Sammler selbst – eine bestimmte Sache findet, wenn er sie braucht. Die besten Unternehmen arbeiten stattdessen schrittweise an einer Vereinfachung der Erfahrung von Kunden und Nutzern, indem sie die Absichten aus den Daten sowie aus der Dynamik der Interaktion herausfiltern. Sie verabschieden sich von Systemen, die im Augenblick des direkten Kontakts mit einem Kunden nur immer mehr Daten ausspucken, die kein Mensch bewältigen kann.

Schon jetzt ist das Verhalten im direkten Kontakt mit Kunden von sehr großer Bedeutung, aber in der Kunden-Apokalypse wird es oft sogar über Leben und Tod entscheiden. McKinsey & Company definieren diese »Momente der Wahrheit« als »die wenigen Interaktionen (beispielsweise eine verlorene Kreditkarte, ein gestrichener Flug, ein beschädigtes Kleidungsstück oder eine Investitionsberatung), in deren Ausgang die Kunden ein hohes Maß an emotionaler Energie investieren«. Und McKinsey schreibt weiter: »Für einen hervorragenden Umgang mit diesen Augenblicken ist eine instinktive Reaktion der Kundenbetreuer erforderlich, die die emotionalen Bedürfnisse der Kunden über die Richtlinien und Wünsche des Unternehmens und des Mitarbeiters stellt.«[1]

Das ist sehr wahr, und wenn Sie alles richtig machen, können diese Augenblicke für Sie *und* den Kunden gewinnbringend verlaufen. Um sie hervorragend zu meistern, brauchen Sie ein intuitives System, das die Reaktionen an der Kontaktstelle zum Kunden so weiterführt, dass die dringenden emotionalen Bedürfnisse der Kunden auf eine Weise angesprochen werden, die die Absichten sowohl des Unternehmens als auch des Kunden erfüllt.

Qualität statt Masse

Bevor wir weitere Beispiele führender Organisationen betrachten, die Daten und Informationen mit Absichten verknüpften, müssen Sie unbedingt verstehen, wie es überhaupt dazu kommen konnte, dass wir der Datengier verfielen, und was wir zu ihrer Überwindung tun können. Dies mag zwar in einer Zeit, in der die Big Data als universales Heilmittel gegen alles angesehen werden – vom leichten Schnupfen bis hin zur Schuldenkrise –, vielleicht kontraproduktiv erscheinen, aber diese Ansicht ist schlicht falsch. Hier ist der Grund.

Wenn Sie sich voll und ganz auf Daten verlassen, können Sie nur klüger werden, indem Sie ununterbrochen immer mehr Daten sammeln und diese Daten dann bereinigen und prüfen. Besser ist es, das Datensammeln um des reinen Sammelns willen aufzugeben, stattdessen die richtigen Daten zu suchen und sie wesentlich pragmatischer und flexibler zu testen als es in der Regel der Fall ist. Die naturwissenschaftliche Methode zeigt uns den Weg dazu.

Diese Methode existiert zumindest seit dem 17. Jahrhundert. Weil aber Marketing- und andere Wirtschaftsfachleute meist anders ausgebildet werden als Wissenschaftler und Ingenieure, erkennen sie erst in jüngster Zeit den Wert einer rigorosen Überprüfung von Hypothesen. Diese Entwicklung wurde zusätzlich durch den Standpunkt behindert, dass sich die Wahrheit schon herausstellen wird, wenn nur endlich genügend Daten zu Verfügung stehen.

Was genau ist nun diese naturwissenschaftliche Methode? Das *Oxford English Dictionary* beschreibt sie als »Vorgehensweise, ... bei der systematisch beobachtet, gemessen und experimentiert wird, um anhand der Ergebnisse Hypothesen zu formulieren, die überprüft und gegebenenfalls geändert werden.« Sie besteht aus den fünf Schritten der *Beobachtung, Hypothese, Vorhersage*, des *Experiments* und der *Schlussfolgerung*. Mit diesem Ansatz zwingen sich Naturwissenschaftler dazu, zuerst ihre auf Beobachtungen basierenden Vorhersagen und Erwartungen zu formulieren und anschließend die Wirklichkeit für sich selbst sprechen zu lassen.

Das mag Ihnen zwar schwierig erscheinen, ist aber ganz einfach. Wie der große britische Denker Bertrand Russell schrieb, erscheint der naturwissenschaftliche Ansatz in seinen ausgeklügelten Formen möglicherweise zwar kompliziert, er ist aber im Grunde ganz simpel. Der Beobachter muss nur die Fakten beobachten, die es ihm dann erlauben, allgemeine Gesetze über die Vorgänge zu formulieren, die Gegenstand seiner Forschungen sind.[2]

Fänden Sie es nicht großartig, wenn Sie nicht nur einen Satz von Datenkorrelationen entdecken, sondern außerdem auch die Gesetze durchschauen würden, die den Beziehungen zu Ihren Kunden in Wahrheit zugrunde liegen?

Die Macht der Hypothese

Für unsere Zwecke liegt der Schlüssel zum Verständnis der Absicht in dem bewussten Schritt der Formulierung einer *Hypothese* darüber, welche Daten nicht nur einfache Korrelationen bilden, sondern in ursächlichem Zusammenhang stehen. Auch eine noch so erschöpfende Datenanalyse führt womöglich in die Irre, wenn Sie nicht zuerst eine Hypothese darüber aufstellen und testen, welche Fakten zuverlässig mit vorhersehbaren Ergebnissen in Zusammenhang gebracht werden können. Datensammler konzentrieren sich auf die reine Anhäufung, die sie dazu verleitet, immer noch mehr Daten zu sammeln. Viel besser ist es dagegen, nur so viele Daten zu betrachten, wie Sie zum Aufstellen einer Hypothese benötigen, und *diese Hypothese dann auf die Probe zu stellen.* Mit anderen Worten: Gehen Sie nach der naturwissenschaftlichen Methode vor. Damit erhalten Sie nicht nur die Daten, mit denen Sie der Absicht des Kunden auf die Spur kommen, sondern der ganze Vorgang ist, wie sich herausstellt, vom Konzept her sogar ganz unkompliziert. Das Schwierigste daran ist vielleicht nur die Änderung Ihrer Einstellung.

Das Gegenargument gegen all diejenigen, die darauf beharren, dass die Big Data die nächste bedeutende Verbesserung im Verständnis der Kunden bringen werden, lautet erneut, dass Sie mit Daten alleine – ganz egal in welchen Mengen – niemals über die 360-Grad-Ansicht des Kunden hinausgelangen können. Daten heben Ihr Unternehmen nicht auf ein neues Niveau, denn auch Big Data sind letztendlich nur Daten, die nicht mit Absichten verknüpft sind.

Zudem verleitet eine zu starke Fokussierung auf Daten die Menschen dazu, den Schritt der Formulierung einer Hypothese zu überspringen, weil der Gedanke, dass die Daten selbst bestimmte Schlüsse deterministisch bestimmen, oft sehr verlockend ist. Doch Sie können sich das nicht leisten, selbst wenn

Ihre Umgebung wenig wissenschaftlich ist. Sie müssen trotzdem aus den erkennbaren Mustern Hypothesen aufstellen – und dann müssen diese Hypothesen getestet werden, und zwar möglichst unabhängig von den ursprünglichen Daten, damit Sie tatsächlich fundierte Urteile fällen können.

Die Veränderung der eigenen Einstellung fällt den meisten Menschen schwer, wie ein weiteres Beispiel verdeutlicht. In einer Firma hatte ein Team von Programmierern seit Langem versucht, die Leistung einiger wichtiger Teile der Informationssysteme zu verbessern. Doch die rund ein Dutzend intelligenten, gut ausgebildeten und begabten Software-Ingenieure verfehlten ihr Ziel regelmäßig. Ihr Vorgesetzter teilte ihnen daher einen Experten zu, der in der naturwissenschaftlichen Methode geschult war. Er sollte zusammen mit dem Team der Sache auf den Grund gehen.

Was war los? Das Team hatte sich voll darauf konzentriert, *Daten* über die möglichen Verursacher der Leistungslücken zu sammeln. Das Problem war aber – wie es in komplexen Umgebungen häufig der Fall ist –, dass die Ergebnisse nicht einheitlich waren. Manche Dinge gingen oft sehr schnell, aber dann traten immer wieder quälende Verzögerungen ein. Das Team betrachtete immer wieder die Daten, um zu sehen, ob sie »gut« oder »schlecht« waren. Sie veränderten das System und beobachteten dann die Veränderungen der Daten im System, aber sie stellten zu Beginn keine überprüfbaren Hypothesen auf.

In den Gesprächen mit ihrem Vorgesetzten sagte nie jemand: »Nun, um die Leistung zu erhöhen, müssen wir meiner Ansicht nach erst untersuchen, warum sich die gesamte Reaktionszeit immer dann überraschend verschlechtert, wenn mehr als eine bestimmte Zahl von Benutzern aus der Serviceabteilung im System angemeldet sind«, oder etwas Ähnliches, das darauf hinweisen würde, dass diese beiden scheinbar getrennten Aspekte des Systems einander vielleicht beeinflussten. Eine derartige Arbeitshypothese hätte man testen können und sie hätte, je nach Ergebnis, vielleicht Aufschluss über die tieferen Ursachen des Systemverhaltens gegeben.

Das Fehlen einer Hypothese steigerte dagegen die Verwirrung des Teams, weil jeder Verbesserungsversuch ein Schuss ins Blaue war. Niemand konnte prüfen, ob die Daten auf Gesetzmäßigkeiten verwiesen, die das Ergebnis bestimmten. Die Schüsse ins Blaue gaben dem Team keinerlei Aufschluss über die Vorgänge im System. Die Programmierer führten nur ständig Änderungen ein und hofften auf eine positive Wirkung. Es war, als liefen sie orientierungslos durch ein Labyrinth, in der Hoffnung, über die Trophäe zu stolpern. Sie konnten nie feststellen, ob eine Suchstrategie hilfreich war oder nur Zeit verschwendete.

Die Teammitglieder brauchten weder mehr noch bessere Daten, sondern einen bestimmten Weg, einen *vorsätzlich ausgewählten* Weg, damit sie feststellen konnten, ob er sie zu dem gewünschten Ziel führte. Und wenn sie von einer fehlgeschlagenen Hypothese überrascht wurden, brauchten sie die Möglichkeit, den Fehlschlag als Input für eine umfassendere Erkenntnis zu verwenden. Es musste möglich sein, auf seiner Grundlage die nächste Hypothese effektiver zu gestalten.

Sobald die Programmierer die Philosophie veränderten und überprüfbare Zusammenhänge schufen, die echte Erkenntnisse ermöglichten, bekamen sie die Probleme rasch in den Griff. Ein altes arabisches Sprichwort lautet: »Experimente fördern das Wissen, Glaube führt zu Fehlern.« Wenn Sie nur glauben, dass Sie Muster in Ihren Daten erkennen, es aber nicht für nötig halten, sie zu überprüfen, dann erkennen Sie nur die Korrelation (diese Dinge treten gemeinsam auf), begreifen aber nicht die Kausalität (wenn eine Sache geschieht, wird sie von einem bestimmten Kontext verursacht, der mit meiner Absicht verknüpft ist, bestimmte Ziele zu erreichen).

Hypothesen sind lehrreich. Wenn Sie nichts überprüfen, können Sie letztendlich nur vermuten, was die Daten Ihnen mitteilen wollen. Wenn Sie jedoch Ihre Absicht als Grundlage zur Entwicklung und Überprüfung von Hypothesen verwenden, können Sie zukünftiges Verhalten projizieren und vorhersehen. So erhalten Sie ein Wissen, das weit über die 360-Grad-Ansicht der Kunden hinausgeht und das Sie auf andere Bevölkerungsgruppen extrapolieren (und an ihnen testen) können.

Zu Beginn dieses Kapitels erläuterten wir den Unterschied zwischen zwei Gehirnen, von denen das eine nur aus Erinnerungen besteht, während das andere Erinnerungen mit Wünschen und Urteilsfähigkeit kombinieren kann. Leider geben sich Unternehmen tagtäglich mit dem ersten Gehirn zufrieden. Es ist das Basismodell des Kundenservice – für die fehlgeleitete Hoffnung, dass alles gut wird, wenn man nur erst eine 360-Grad-Ansicht hat. Unternehmen zeichnen alle Aktivitäten auf, die mit ihren Kunden zu tun haben, aber sie machen sich keine Gedanken darüber, was diese Informationen *tatsächlich* über die Wünsche und Absichten der Kunden aussagen.

Wie das Beispiel des Software-Teams zeigt, lässt sich dieses Problem nur sehr schwer von IT-Mitarbeitern lösen, wenn sie nicht ihre Grundeinstellung verändern. Die Menschen in den Unternehmen finden sich letztendlich etwa nach folgendem Motto mit einer Lösung ab: »Liefern Sie mir einfach *alle* Daten, und ich erkläre meinen Leuten dann, wie sie verstehen, was wir haben.« Das Ergebnis ist eine Katastrophe für die Mitarbeiter im Kundenservice, die in der überwältigenden Flut zusammenhangloser Informationen ertrinken.

Next-Best-Action

Wie können Sie nun mit Ihren Mitarbeitern im Kontext riesiger Datenmengen pragmatisch arbeiten und die Kontaktpunkte zu

Kunden mit Urteils- und Reaktionsfähigkeit ausstatten? Ein exzellentes Beispiel dafür, wie sich die Absicht anhand der wissenschaftlichen Methode mit der größten denkbaren Datenmenge integrieren lässt, ist das Konzept der *Next-Best-Action*, also der »bestmöglichen Folgeaktion«. Mit ihr fügen Sie dem Mix mit Ihren Kunden die Absicht genau zur rechten Zeit und im richtigen Kontext hinzu, ohne die Kontaktperson zu überfordern. Es ist eine Win-win-Situation für Sie und die Kunden.

Die Next-Best-Action funktioniert nach dem folgenden Prinzip: Sie bieten die richtige Sache zur rechten Zeit der richtigen Person an. Die Aktion bringt die Wünsche und Bedürfnisse sowie die möglichen Interessen des Kunden in Einklang mit Ihren eigenen Unternehmenszielen, evaluiert sie und balanciert sie dann laufend neu aus, sodass die Ergebnisse immer weiter optimiert werden. Sie kommt der weiter oben erwähnten Analogie des Fliegenfischens sehr nahe, weil sie die Interaktionen sehr subtil gestaltet. Die Next-Best-Action ist sorgfältig und aufmerksam konstruiert, denn sie basiert auf Informationen und Erkenntnissen über die größeren Zusammenhänge.

Dieser Ansatz kehrt die altmodische Methode um. Früher wurde zuerst das Angebot für ein Produkt oder eine Dienstleistung ausgearbeitet und anschließend nach Interessenten gesucht. Der Ansatz der Next-Best-Action ist schon vom Wesen her auf den Kunden fokussiert. Er basiert darauf, dass der Computer mit dem Servicemitarbeiter oder -system zusammenarbeitet und die ganze Palette infrage kommender Produkte an die Interaktion mit dem Kunden anpasst. Der Computer ist ständig dabei, zu optimieren und dem Servicemitarbeiter sinnvolle Angebote vorzuschlagen oder auch direkt mit dem Kunden zu kommunizieren, ähnlich wie in einer Selbstbedienungsumgebung, die aber »zufällig« immer die richtigen Optionen parat hat.

Ein Servicemitarbeiter eines der führenden Kabelfernsehanbieter in den USA erzählt eine humorvolle Geschichte darüber, wie

»beeindruckend« (seine Worte) es sein kann, wenn aus der Verknüpfung von Daten und Absichten genau die richtige Next-Best-Action ermittelt wird: Wenn Sie also erfahren, was dem Kunden wirklich angeboten werden sollte, und wenn Sie es ihm dann exakt im richtigen Augenblick vorschlagen. Eines Tages nahm der Servicemitarbeiter den Anruf einer »netten älteren Dame« entgegen, die sich nach einem Kabelanschluss für ihre Wohnung erkundigte. Während des Gesprächs wurde ihm die erste Empfehlung am Bildschirm eingeblendet: Bieten Sie ihr Cinemax an.

Nun ist aber Cinemax etwas berüchtigt für ein Nachtprogramm mit Filmen, die dem Unternehmen den Spitznamen »Skinemax« eintrugen, weil sie viel nackte Haut zeigen. Das Netzwerk akzeptiert diesen Spitznamen sogar bereitwillig und gab beispielsweise einer Dokumentarfilmreihe den Titel »Skin to the Max« (»Ein Maximum an Haut«).

Der Mitarbeiter dachte sich: »Sie klingt ein wenig wie meine Oma, sie will sicher kein Cinemax.« Daher führte er das Gespräch weiter, ohne das Angebot zu erwähnen.

Gerade, als er das Gespräch beenden wollte, sagte jedoch die Dame: »Wissen Sie, es gibt da eine Sendung auf Cinemax, von der mir eine Freundin erzählt hat. Haben Sie Cinemax?«

Das war reine Glückssache – aber der Schlüssel zum Erfolg liegt darin, dieses Angebot auch den Menschen zu machen, die sich nicht trauen, danach zu fragen. In diesem Fall hatte das System Recht und schlug genau das richtige Angebot vor. Ich wette, dass dieser Mitarbeiter die Systemempfehlungen in Zukunft nicht mehr ignoriert.

Die Next-Best-Action, die nur dann ermittelt wird, wenn Daten und Absichten kombiniert wurden und wenn das Informationssystem das präsentiert, was es in Echtzeit errechnet, ist eine Methode, die Ihre Beziehung zu den Kunden ausbaut und festigt. Sie geht weit über die übliche Transaktionserfahrung hinaus und gestaltet die gesamte Erfahrung, die zwischen Kunde und Anbieter abläuft, völlig neu.

Die PNC Financial Services Group mit Sitz in Pittsburgh ist ein gutes Beispiel dafür, wie die Next-Best-Action die Kundenbeziehungen verbessert. PNC ist eines der größten Unternehmen seiner Art in den USA und bietet Bankgeschäfte für Privat- und Unternehmenskunden, Eigenheimfinanzierung, Hypotheken, Vermögensverwaltung und Investitionsgeschäfte sowie zahlreiche weitere Finanzdienstleistungen für Unternehmen und Regierungen an. Es handelt sich um ein äußerst wettbewerbsstarkes Unternehmen.

PNC hat bereits eine starke Markenidentität, aber das Unternehmen war sich der Tatsache bewusst, dass die Marke durch bessere Kundenerfahrungen noch gestärkt werden würde. Den Kontext bilden in diesem Fall hauptsächlich die bedeutenden Veränderungen im Bankgeschäft, die sich daraus ergeben, dass die Kunden ihre Transaktionen immer häufiger nur noch per Internet durchführen. Karen Larrimer, Chief Marketing Officer bei PNC, erklärte bei dem von der Zeitschrift *American Banker* gesponserten Banking Analytics Symposium im Oktober 2013, dass sich PNC »im Moment von einem produktzentrierten Unternehmen, in dem sich jeder Produktmanager darauf konzentriert, dem Vertrieb sein eigenes Produkt schmackhaft zu machen, in ein kundenzentriertes Unternehmen verwandelt«.

Banken, so Larrimer, »kommen nicht mehr, wie früher, persönlich mit den Kunden in Kontakt. Nur etwa 20 Prozent der Kunden besuchen noch häufig die Filialen«, schätzte sie.[3] Daher wollte das Unternehmen es zur Norm machen, bei jeder einzelnen Interaktion mit Kunden darauf zu achten, dass nur relevante, auf die Person zugeschnittene Aktionen und Angebote über den richtigen Kanal und zum rechten Zeitpunkt angeboten wurden, selbst wenn die Mitarbeiter die Kunden niemals persönlich zu Gesicht bekamen. Dies konnte nur erfolgreich gelingen, wenn das Unternehmen den Kunden eine nahtlose Erfahrung bot. Aus diesem Grund brauchte PNC neue Erkenntnisse über seine Kunden, die das Unternehmen nur gewinnen konnte, wenn alle Kunden- und Marketingdaten durch Analysen gefiltert wurden, die mehr als die übliche 360-Grad-Ansicht lieferten.

PNC erkannte, dass zur Erreichung dieses Ziels vor allen Dingen alle Interaktionen mit einem Kunden über alle Kanäle in Echtzeit koordiniert werden mussten, sodass jede einzelne Interaktion *sowohl* für den Kunden *als auch* für die Bank ein optimales Ergebnis lieferte. Und dazu musste die Technologie auf völlig neue Weise eingesetzt werden.

Es wurde ein ganz neues System gestaltet: das Customer Interaction Management (CIM) von PNC. Es ist das neue »Gehirn« der Bank, das die Kundendaten und den Kontext eingehender Interaktionen automatisch analysiert und dann aufgrund dieser Daten entscheidet, was die bestmögliche Folgeaktion ist. Das CIM-Gehirn ist der zentrale Knotenpunkt für das Management aller Interaktionen mit den Kunden auf allen Kanälen, und es arbeitet wie ein menschliches Gehirn in Echtzeit. Es passt sich automatisch jeder Situation an, sei es ein Cross-Sell, der Kauf eines neuen Produkts oder eine dringend benötigte Dienstleistung.[4]

Adaptive Lernprozesse

Wie die PNC-Bank feststellte, verschafft die Next-Best-Action einem Unternehmen eine sehr genaue Vorstellung davon, was es als Nächstes mit einem Kunden anfangen sollte. Aber sie ist nur in dieser einen Situation nützlich. Wenn sie langfristig Wert haben soll, muss sie noch mit *adaptiver Lernfähigkeit* ausgestattet werden, damit sie sich anpassen kann. Zusammen bilden diese beiden Tools eine Spirale, die sich positiv verstärkt und die das Unternehmen über die herkömmliche 360-Grad-Ansicht hinaus bringt, weil sie eine zweite 360-Grad-Ansicht der Absichten hinzufügt. Das Ergebnis ist ein wesentlich umfassenderes und schärferes Bild des Kunden.

Durch *adaptives Lernen* stellen Sie sicher, dass die in die Zukunft gerichtete Analyse und die Hypothesen, die zur Next-Best-Action führten, weiterhin optimal bleiben. Mithilfe komplexer Analysemethoden werden Trends und Muster bei Millionen von Kunden untersucht. Das System erkennt, was Kunden bevorzugen, welche Entscheidungen ihre Bedürfnisse befriedigen und wie sich ihr Verhalten am besten vorhersehen lässt. Die Absichten der Kunden lassen sich allein aus den riesigen Datenmengen erschließen. Da laufend neue und andere Hypothesen getestet werden, kann diese Methode auch Muster und Wahrscheinlichkeiten aufdecken, die mit neuen Big Data ebenso funktionieren wie mit all den unbereinigten, nicht ganz perfekten Daten, die wir bereits besitzen.

Kann ein Computer menschliches Verhalten sicher und in hundert Prozent aller Fälle vorhersagen? Selbstverständlich nicht. Aber bei Kunden, deren Verhalten sich innerhalb gewisser Parameter und Muster bewegt, habe ich persönlich die Erfahrung gemacht, dass die Erfolgsrate bei der Ausarbeitung von Upgrade-Angeboten oder Serviceempfehlungen bei über 50 Prozent liegt, wenn man die Daten und Absichten der Kunden zugrunde legt. In mehr als der Hälfte der Fälle beantwortet der Kunde den vorhergesagten Vorschlag, den Sie als Angebot formulieren, mit einem Ja.

Nehmen wir beispielsweise an, Sie wollten einem Kunden auf der Basis seiner Interessen, seines Datenkontexts und Ihrer Hypothesen hinsichtlich seiner Empfänglichkeit für drei geeignete Produkte die möglichen Alternativen erklären. Nennen wir sie Produkt A, das Kunden mit ähnlichem Kontext in 80 Prozent der Fälle kaufen, wenn es ihnen angeboten wird, Produkt B, das in 60 Prozent der Fälle gekauft wird, und Produkt C, das die Kunden in 40 Prozent der Fälle kaufen, wenn es ihnen angeboten wird. In der Regel schlagen Sie als Erstes das Produkt A vor, weil es am wahrscheinlichsten zu einem Abschluss führt. Als Zweites würden Sie Produkt B anbieten und schließlich noch Produkt C.

Was tun Sie aber, wenn Sie plötzlich herausfinden, dass Produkt A nur noch in 70 Prozent der Fälle akzeptiert wird und Produkt C inzwischen ebenfalls auf 70 Prozent gestiegen ist? Würden Sie einfach weiterhin Produkt A zuerst anbieten und Produkt C als zweite Möglichkeit nennen? Wenn Sie die Reihenfolge umkehren, erfahren Sie vielleicht etwas Nützliches. Und wenn Sie sogar noch weitergehen und nachforschen, ob es eine Korrelation zwischen den früheren Käufen der Kunden gibt, die nun Produkt C bevorzugen, gewinnen Sie womöglich noch mehr wichtige Informationen. Vielleicht haben sich die Umstände geändert und Produkt C sollte Ihr neuer Favorit werden – Ihr bestes erstes Angebot in dieser Situation. Wenn Sie die konventionellen Erwartungen dynamisch infrage stellen und neue Wege zur Anwendung neuer Daten und der an sie gekoppelten Absichten finden, helfen Sie Ihrer Organisation, zu lernen und sich anzupassen. Eine solche adaptive Veränderung erlaubt es in vieler Hinsicht sogar dem Computer selbst, alternative Muster und Hypothesen vorzuschlagen und auszuprobieren.

Für den Erfolg des CIM-Systems der PNC-Bank war das adaptive Lernen ganz entscheidend wichtig. Die Next-Best-Action alleine reicht nicht aus, denn nur die adaptiven Analysemethoden stellen sicher, dass die verwendeten Kundenmodelle, die die Strategien im Umgang mit den Kunden bestimmen, relevant bleiben. Das CIM-Gehirn lernt während der Arbeit und passt die Modelle automatisch an, sodass die Bank niemals unter Zeitdruck gerät, weil das System nicht manuell an verändertes

Kundenverhalten oder neue Marktbedingungen angepasst werden muss. Und weil die Entscheidungsprozesse zentral verwaltet werden, erreicht die Bank ein hohes Maß an Einheitlichkeit und Konsistenz in allen Interaktionen mit Kunden, selbst wenn die Vorgänge, die einen Kunden betreffen, über verschiedene Kanäle laufen. Wenn ein PNC-Kunde ein Angebot in einem Kanal akzeptiert, entfernt das CIM diesen Vorgang aus sämtlichen anderen Kanälen, damit Kommunikationen nicht mehrfach stattfinden, denn das können die Angehörigen von Generation C und D nicht ausstehen. Wenn sie das Gefühl erhalten, dass die eine Hand des Unternehmens nicht weiß, was die andere tut, fragen sie sich sofort, ob die Bank sie überhaupt ernst nimmt und sie genügend beachtet.

Aufgrund der adaptiven Lernfähigkeit ihres Computersystems kann die PNC-Bank Angebote nahtlos von einem Kanal auf den anderen übertragen, sodass ein Kunde beispielsweise am Geldautomaten ein Angebot für ein neues Kreditlimit abfragen kann und gleichzeitig den Vorschlag erhält, sich weitere Informationen dazu auf sein Handy oder an eine E-Mail-Adresse schicken zu lassen. Wichtige Nachrichten, zum Beispiel bei möglichen Betrugsversuchen, kann die Bank von sich aus über verschiedene Kanäle an den Kunden senden, die er selbst auswählt.

Organisieren Sie Ihre Erkenntnisse

Wenn Sie geordnete Erkenntnis in die Daten bringen, erfahren Sie, was Sie fördern und was Sie infrage stellen sollten, und darüber hinaus zeigt sich, wie Sie die Wünsche Ihrer Kunden am besten erfüllen können. Die Erkenntnisse, die Sie aus einer einzigen Transaktion gewinnen, sind ebenso beschränkt wie die, die Sie allein aus Daten gewinnen. Aber wenn Sie die Daten aus allen Transaktionen addieren und sie mit Ihrem Wissen über Absichten kombinieren, werden Sie nicht nur Muster entdecken, sondern diese auch testen und verfeinern können. Es ist sicher nicht ungewöhnlich, dass sich das Verhalten der Kunden und auch die Dinge, die sie anstreben und kaufen wollen, verändern. Wenn Sie der Kurve und den Trends vorauseilen wollen, müssen Sie den Weg des adaptiven Lernens wählen. Je mehr Ihr Unternehmen weiß und je besser Sie neue Hypothesen testen können, desto leichter können Sie Ihre Absichten mit denen der Kunden in Übereinstimmung bringen und mithilfe von Urteilsfähigkeit alle Wünsche so erfüllen, dass beide Seiten zufrieden sind.

Ein hervorragendes Beispiel dafür, wie sich die Next-Best-Action und das adaptive Lernen kombinieren lassen, bieten einige Geschäftsbereiche des Mobilfunkanbieters Vodafone. Das Unternehmen mit über 400 Millionen Kunden und 86 000 Angestellten in 30 Ländern auf fünf Kontinenten unterhält weltweit mehr als 14 000 Läden. Das Unternehmen wächst aggressiv weltweit, obwohl die gesamte Kommunikationsindustrie gerade von neuen Technologien und neuen Möglichkeiten in ihren Grundfesten erschüttert wird, darunter Internet-Telefonie, datenhungrige Smartphones, mobiles Bezahlen sowie das Streaming aller möglichen Medieninhalte.

Heute müssen die Anbieter von Kommunikationsdiensten mit den beiden Tatsachen leben, dass die Kunden sehr leicht den Anbieter wechseln können und dass es wesentlich schwieriger (und teurer) ist, einen neuen Kunden anzuwerben, als einen bestehenden Kunden zu halten. Es gibt womöglich keine bessere Motivation dafür, die Macht der Kunden ernst zu nehmen und jedes nur mögliche Mittel einzusetzen, um den Kunden besser zuzuhören.

Vodafone hat es geschafft, eine der stärksten Verbindungen zu den Absichten seiner Kunden herzustellen, die ich je beobachtet habe. Jedes Mal, wenn ein Kunde die Telefonkarte auflädt, erhält er eine Next-Best-Action in der Form eines »Angebots des

Tages«: Es handelt sich um ein individuell zugeschnittenes Angebot zur Verbesserung des Tarifs, das auf der Grundlage der Nutzungsdaten erstellt wurde und das nach Vodafones Ansicht den Absichten des Unternehmens, des Kunden und der Erhaltung dieses Kunden am dienlichsten ist. Die Gleichung funktioniert folgendermaßen: Man nehme die Ziele und Absichten des Kunden (das *Wer* und das *Warum*), füge Vodafones eigene Ziele und das hinzu, was das Unternehmen hinsichtlich der Kundenwünsche leisten kann und will (das *Was*), und daraus entwickelt man einen individuell passenden Tarif, der die Ziele beider Seiten erfüllt. Dann, um das Ganze perfekt zu machen, stellt man den Tarif sofort zur Verfügung, sobald der Kunde zugestimmt hat.

Die Kunden begrüßen diese Angebote mit beträchtlicher Begeisterung und ihre Akzeptanz liegt bei über 50 Prozent. Das heißt, dass Vodafone-Kunden in mehr als der Hälfte aller Fälle beim Aufladen ihrer Prepaid-Karte gleichzeitig ein vom Unternehmen vorgeschlagenes Angebot akzeptieren.

Man könnte nun meinen, dass es für Vodafone sehr viel Arbeit darstellt, sich in so regelmäßiger Form und so detailliert mit den Angeboten auseinanderzusetzen, und dass es auch für die Kunden sehr lästig ist, aber tatsächlich entscheiden sich Hunderte Millionen Mobilfunknutzer genau deswegen für Vodafone. Der Grund ist, dass Vodafone auf diese Weise die Absichten der Kunden praktisch deckungsgleich mit den eigenen geschäftlichen Absichten verschmilzt. Vodafone gelingt dies, weil das Unternehmen im tiefsten Inneren verstanden hat, dass die Kunden heute erwarten, dass die Firmen, mit denen sie Geschäfte machen, ihre Ziele *kennen*.

Aufseiten der Kunden der Generation D ist der entscheidende Faktor für die hohe Akzeptanzrate der Angebote, dass sie sich *nicht* verfolgt fühlen, sondern das Gefühl haben, die Angebote selbst zu entdecken oder von guten Freunden empfohlen zu bekommen. Peter Burris von Forrester Research drückte es so aus: »Die Kunden von heute – und morgen – holen sich gegenseitig voneinander die Informationen, die sie für die richtige Auswahl auf den immer stärker umkämpften Märkten brauchen. Über soziale, digitale und mobile Technologien lernen sie neue, effektivere Methoden des Engagements mit Marken. Kunden brauchen nicht länger passiv auf Angebote zu warten. Sie können ihre Bedürfnisse aggressiver und kostengünstiger diktieren, und zwar einzeln ebenso wie in der Masse. ... Diese mächtigern Kunden drängen die Unternehmen in ein neues Zeitalter – das Zeitalter des Kunden ...«[5]

Dennoch profitieren *alle*, selbst in dem aktuellen Modell von Vodafone. Der Kunde erhält etwas für ihn Sinnvolleres, und Vodafone sorgt dafür, dass er zufrieden – und verbunden – bleibt, und dient damit den eigenen Geschäftszielen. Die Technologie ist nur ein Werkzeug, aber sie ist für den Schritt von der Entwicklung der Kundenbindungsstrategie zu ihrer fortlaufenden Umsetzung die entscheidende Grundlage. Die wichtige Lektion lautet hier, dass Vodafone zuerst ins Zuhören investierte und sich dafür interessiert, was die Kunden wirklich wollen. Daraufhin wird die Reaktion des Unternehmens aktiv auf die Absichten der Kunden zugeschnitten.

Selbstverständlich richtete Vodafone Kundenprozesse ein, um die Verknüpfung der gespeicherten Daten und Absichten mithilfe von Urteilsfähigkeit und Wünschen zu operationalisieren. Dem Unternehmen ist durchaus bewusst, dass es nicht genügt, nur die richtige Vorstellung von Kundenzentrismus zu haben, sondern dass es notwendig ist, diese Vorstellungen zu operationalisieren und entsprechend zu handeln.

Das Beste an der Art und Weise, wie Vodafone die Wünsche erfüllt, ist, dass das Unternehmen keine perfekten Daten benötigt. Es erscheint wie ein Widerspruch, aber gerade die Loslösung vom Gedanken der Perfektion ermöglicht die Überwindung der einschränkenden 360-Grad-Ansicht. Wer noch an der alten, datenzentrischen 360-Grad-Ansicht des Kunden festhält, muss unverhältnismäßig viel Zeit und Energie in das laufende Streben nach Perfektion investieren. Das ist unnötig und stört sogar die Konzentration auf den Kunden. Die logische Voraussetzung der Datenperfektion ist die Vollständigkeit der Daten. Wenn Sie auf Perfektion fixiert sind, fühlen Sie sich genötigt, jede winzige Information zu sammeln, damit Sie nur ja nichts Entscheidendes übersehen. Daher müssen die Unternehmen immer mehr sammeln – in einem scheinbar endlosen Prozess.

Wenn Sie sich dagegen von den Absichten leiten lassen, müssen Sie zulassen, dass der Rhythmus der Interaktion das Angebot bestimmt. Alle Faktoren der Interaktion – nicht nur die Analysedaten – müssen berücksichtigt werden. Es geht nicht nur um Daten, sondern auch um die »Chemie«. Absicht erfordert Urteilsvermögen. Die Next-Best-Action könnte auch eine Frage sein.

Es lohnt sich also folgende Überlegung: Wie *wenig* Daten brauchen Sie vielleicht nur, um eine erfolgreiche, von den Absichten geleitete Beziehung zu Ihren Kunden zu unterhalten?

Feedback-Schleifen

Adaptives Lernen wird noch wirkungs- und wertvoller, wenn Sie Feedback-Schleifen in die Interaktionen mit Kunden einbauen. So kann Ihre Absicht im Lauf der Interaktionen immer noch intelligenter werden.

Durch die Informationstechnologie kann ein System in Echtzeit aus Interaktionen Schlüsse ziehen. Wenn beispielsweise ein Kunde, der einen Fragebogen im Internet ausfüllt, plötzlich langsamer wird, liegt das vielleicht an einer Ablenkung. Es ist aber auch möglich, dass er sich nicht für eine Antwort entscheiden kann. Diese Daten kann das System nutzen und seine Urteilsfähigkeit so anpassen, dass es für diesen Kunden ein Angebot erstellt, in dem die Bereiche der Unentschlossenheit berücksichtigt werden.

Mit anderen Worten: Die Interaktion selbst liefert Situationsdaten für das Gesamtbild des Kunden. Wenn Sie sich die Dynamik des Prozesses ansehen, wie der Kunde antwortet und nicht antwortet, gewinnen Sie Erkenntnisse über den Kunden, auf die Sie zuvor vielleicht nicht geachtet hätten. Diese bessere Kenntnis sorgt für mehr Einklang zwischen Ihrem Unternehmen und den Absichten Ihrer Kunden.

Absichten beruhen auf Gegenseitigkeit

Damit Sie im Einklang bleiben, sollten Sie Ihre Hypothesen am besten unter dem Blickwinkel der Gegenseitigkeit beurteilen. Lange Zeit wurde uns eingeredet, die 360-Grad-Ansicht aller Kundendaten sei so etwas wie der Heilige Gral, aber nun stellen wir fest, *dass wir dem Kunden ebenfalls eine einheitliche Ansicht und Erfahrung unseres Unternehmens geben müssen*, wenn wir uns maximal auf den Kunden fokussieren und dazu seine Absichten nutzen wollen. Die Absichten beruhen auf Gegenseitigkeit – und hier folgt ein Beispiel dafür.

Stellen Sie sich einen Kunden vor, der ein kleines Unternehmen betreibt und damit eine wichtige Beziehung zu seiner Bank pflegt. Er hat oft mit der Bank zu tun und sein Unternehmen wickelt sehr viele Transaktionen ab. Dabei nutzt es verschiedene Dienste und Technologielösungen, die die Bank anbietet. Das kleine Unternehmen ist ein geschätzter und wertvoller Kunde.

Derselbe Kunde unterhält als Privatperson ein Girokonto, auf dem aber nicht annähernd so viel Geld ist wie auf dem Geschäftskonto, auf dem immer mehrere Zehntausend Dollar liegen.

Eines Montagabends, als sein privater Kontostand bei 339,26 Dollar lag, stellte er seinem Sohn einen Scheck über 350 Dollar aus. Am folgenden Morgen ging er zur Bank und reichte einen Scheck über 200 Dollar ein, den er am Montag mit der Post erhalten hatte. Somit sollte sein Kontostand eigentlich auf 539,26 Dollar steigen, aber da die eingelöste Summe von einer anderen Bank eingezogen werden musste, wurde das Geld nicht am selben Tag gutgeschrieben.

Der Sohn löste den Scheck seines Vaters am Dienstagnachmittag ein und die Bank zeigte sich kulant und zahlte das Geld aus, obwohl sich auf dem Konto noch nicht genug Geld befand. Das System gab jedoch automatisch eine Überziehungsmahnung aus, sodass der Vater am Mittwoch die Nachricht erhielt, dass auf seinem Privatkonto 35 Dollar Gebühren für eine einmalige Überziehung angefallen waren.

Nun fragen Sie sich doch einmal, ob das sinnvoll war. Der Mann ist ein geschätzter Kunde und sein Geschäftskonto ist für die Bank sehr wichtig. Sollte die Bank also diesem hervorragenden Kleinunternehmer wirklich auf seinem Privatkonto eine Überziehungsgebühr von 35 Dollar aufhalsen? Selbstverständlich nicht. Er selbst findet es unnötig und sinnlos, aber auf seinen Anruf hin kann ihm der Servicemitarbeiter nur erklären, dass die Gebühr den Vertragsbedingungen seines Privatkontos entspricht und absolut rechtmäßig ist. Er könnte die Sache natürlich weiterverfolgen und mit einem Manager sprechen und dann hätte er mit großer Wahrscheinlichkeit auch Erfolg, aber – typisch für Kunden, deren Zeit wertvoll ist – entscheidet er sich gegen diesen zusätzlichen Zeitaufwand. Stattdessen hinterlässt die Sache bei ihm einen schalen Nachgeschmack und seine Loyalität gegenüber der Bank ist angegriffen.

Diese Bank bräuchte genau das, was ein globaler Serviceprovider für Kommunikation bereits eingeführt hat, um den Kundendienstmitarbeitern mehr Entscheidungsfreiheit zu gewähren. Die Mitarbeiter erhalten für jeden Kunden ein angemessenes »Zufriedenstellungsbudget«. Es handelt sich um einen individuell bemessenen Dollarbetrag, der bei Interaktionen mit dem Kunden »investiert« werden darf, damit der Kunde sicher zufriedengestellt werden kann. Die Mitarbeiter entscheiden selbst, wann und wie viel genau sie einsetzen. Herr Soundso hatte eine Beschwerde? Entsprechend seiner Geschichte und Beziehung zu dem Unternehmen stünde für ihn ein Budget von maximal 45 Dollar zur Verfügung, aber der Kundendienstmitarbeiter hält in diesem Fall eine Gutschrift von 15 Dollar für angemessen. Also sollte er diese Summe unbedingt anbieten.

Der globale Serviceprovider hat diese Möglichkeit, weil das Unternehmen die Informationstechnologie auf neue Weise einsetzt. Mit dem alten System hätte der Servicemitarbeiter bei einem solchen Beschwerdeanruf eine ganze Reihe Bildschirme öffnen und durchsuchen müssen, um die relevanten Informationen zu finden und zu einer Lösung zu gelangen.

»Sie können sich gar nicht vorstellen, wie viele Fenster der Mitarbeiter früher durchsuchen musste«, erklärt der Direktor für Customer Relationship Management (CRM). »Mit dem neuen System wird alles im Kontext betrachtet, je nachdem, aus welchem Grund der Kunde anruft.«[6] Zum Kontext gehören der Wert des Kunden für das Unternehmen, frühere Situationen, das aktuelle Problem sowie die Absichten des Kunden und des Unternehmens.

Da die Interaktion auf diese Weise geordnet und erleichtert wird, kann der Mitarbeiter ein echtes Gespräch mit dem Kunden führen und sich auf ihn konzentrieren, statt auf seine Daten. Kein Kunde muss in der Leitung warten, während der Mitarbeiter Informationen sucht. Das »bedeutet, dass die Interaktion mit dem Kunden relevanter und effektiver wird«, freut sich der Direktor. »Wenn Ihre Interaktion mit dem Kunden relevanter wird, haben Sie die Gelegenheit, den Kunden positiv zu überraschen.«

Die Fähigkeit dazu entsteht durch den Einsatz vorausschauender Analysemethoden und der durch sie ermöglichten adaptiven Modelle. »Vom Standpunkt des Unternehmensnutzers aus betrachtet – wenn Sie davon sprechen, dass das System lern- und anpassungsfähig ist und immer besser und besser wird, dann ist es ein Volltreffer ins Schwarze. ... Wir hatten schon früher solche Modelle, aber jetzt werden sie kontinuierlich verbessert: nicht jeden Monat oder alle sechs Monate oder einmal pro Quartal, wenn wir sie aktualisieren, sondern nach jedem einzelnen Anruf. Sobald der Anruf abgeschlossen ist, ist das System wieder ein wenig besser.«

Im Wesentlichen bezieht der Serviceprovider mit dem System nun das subtile Einfühlungs- und Urteilsvermögen der Kundendienstmitarbeiter ein und lässt sie entscheiden, inwieweit ein Bedarf besteht. Gleichzeitig setzt das Unternehmen im Kontext der Dynamik dieser menschlichen Interaktion das Urteilsvermögen des Systems hinsichtlich der Next-Best-Action (des Budgets) ein, sodass die gesamte Interaktion optimiert wird. Dies stärkt einerseits die Eigenverantwortung der Mitarbeiter beträchtlich und ist auf der anderen Seite auch viel kosteneffektiver für das Unternehmen, das ansonsten wohl einen unbefriedigenden Durchschnittsbetrag festlegen würde, der allen Kunden angeboten werden darf.

Ein Unternehmen, das die Servicemitarbeiter mit einem Budget für die Kundenzufriedenheit ausstattet, braucht ein hohes Maß an Vertrauen und eine gute Organisation. Nun überlegen Sie kurz, wie die zuvor erwähnte Bank wohl strukturiert ist, wie viele Kanäle sie hat und wie die Systeme arbeiten. Die monatliche Kontoführungsgebühr für Privatkunden wird automatisch eingezogen. Für Privat- und Geschäftskonten sind meist verschiedene Mitarbeiter zuständig. Sprechen sie sich ab? Fordern die Systeme sie auf, beide Konten zu berücksichtigen und zu überlegen, wie sie damit umgehen sollen, auch wenn sie nominell nur für eines der Konten zuständig sind? Sicher besitzen die Systeme alle Daten, die ihnen sagen, dass ein Kunde zwei verschiedene Konten unterhält, aber erfassen die Systeme die geschäftlichen Absichten der Bank? Auch hier lautet die vernünftige Schlussfolgerung, *dass der Kunde nicht einmal eine monatliche Kontoführungsgebühr zahlen sollte.* Doch selbst wenn er das tut, wäre es für die Mitarbeiter eine riesengroße Unterstützung, wenn sie ein System hätten, das sie auf der Grundlage der Besonderheiten jeder einzelnen Kundenbeziehung durch die Interaktionen führt, und wenn sie wüssten, dass sie eigenverantwortlich Entschädigungen anbieten können.

Diese Absicht muss in den Entscheidungsrahmen der Bank eingebaut werden, damit mehr berücksichtigt wird als nur eine bestimmte Blase aus produktspezifischen Regeln und Daten. Wenn die Bank selbst noch nicht darauf gekommen ist, dass sie dem Kunden keine Gebühren berechnen sollte, dann hat er sich wahrscheinlich bereits beschwert. Sollte er sich nicht beklagt haben, dann hat er entweder noch nicht darauf geachtet oder sein Ärger wächst im Stillen. Kunden der Generation C rächen sich im Lauf der Zeit dadurch, dass sie entweder die Bank wechseln oder einer anderen Gruppe potenzieller Kunden von ihren Erfahrungen mit der Bank berichten. Ein Kunde der Generation D würde dagegen versuchen, die Bank aktiv zu »zerstören« – nicht das Gebäude und die Mitarbeiter, wohl aber den Ruf und die Marke.

Wie lässt sich aber nun die Absicht mit den Daten verknüpfen und insgesamt in situationsgerechtes Denken umsetzen? So, wie Sie eine Datensammlung haben, die das Gedächtnis des Unternehmens darstellt, so müssen Sie in die Informationstechnologie auch einen operationalen Verarbeitungsprozess für die Unternehmensabsicht einbauen, der all das berücksichtigt, was Ihr Unternehmen erreichen will. Sie stellen die Synthese aus Daten und Absichten in jedem Kanal zur Verfügung, über den Ihre Kunden mit Ihnen in Kontakt treten, und versetzen so Ihre Mitarbeiter in die Lage, jede Situation optimal zu meistern, weil sie all diese Erkenntnisse genau nach Bedarf direkt und in Echtzeit einsetzen können. Vorausschauende Unternehmen drehen im Umgang mit den Kunden inzwischen den Spieß um. Sie sorgen dafür, dass alle Mitarbeiter im Kundenservice mit der bestmöglichen Einschätzung der Absichten dieser Kunden ausgestattet sind. Sie stellen unterstützende Technologien zur Verfügung, sodass die Mitarbeiter situationsbezogene Ratschläge erhalten, die sie mit ihrem eigenen Urteilsvermögen verschmelzen. So können sie auf die Kunden eingehen und sie zufriedenstellen. Dies alles baut auf dem Konzept der Next-Best-Action und des adaptiven Lernens auf, damit die Servicemitarbeiter mit den richtigen Antworten auf Fragen und mit Erkenntnissen versorgt sind, die ihnen selbst oft nicht so rasch einfallen würden.

Erinnern Sie sich noch an die »Finanzsupermärkte« aus Kapitel 2? Dieses Geschäftsmodell schlug fehl, weil die Banken so fleißig Daten sammelten und daran glaubten, dass sie die Beziehungen zu ihren Kunden allein dadurch stärkten, dass sie ihnen die ganze Palette von Dienstleistungen anboten. Doch dabei vergaßen die Banken zu prüfen, ob sie bei ihren Handlungen das eigene Geschäftsinteresse und die genauen Wünsche der Kunden berücksichtigten. Vor allem prüften sie sie nicht auf eine Weise, die ihre Mitarbeiter effektiv umsetzen konnten.

Die OCBC-Bank, eine äußerst innovative Bank in Asien, verfolgt einen anderen Ansatz, der das richtige Gleichgewicht gefunden hat, indem er die Kundenabsichten berücksichtigt. Wenn Sie in einer OCBC-Filiale in Singapur ein Konto eröffnen möchten, werden Sie sofort bevorzugt behandelt und einem sehr professionellen Service-Spezialisten zugewiesen, der sich mit Ihnen in einen abgetrennten, bequem und traditionell eingerichteten Bereich zurückzieht. Als die Bank diese neue Methode erstmals flächendeckend einsetzte, wurden neue Kunden sogar von eigens dafür eingestellten Mitarbeitern begrüßt und zu den Kundenspezialisten geführt.

In dem abgetrennten Bereich sitzen Sie neben dem Mitarbeiter und können gemeinsam mit ihm den drehbaren Bildschirm eines Touchscreen-Computers auf dem Schreibtisch einsehen. Der Spezialist erkundigt sich ausführlich nach Ihren finanziellen Plänen und Bedürfnissen. Während des Gesprächs werden dann Bankprodukte auf dem Bildschirm angezeigt. Auf der Grundlage Ihres Profils und Ihrer Absichten werden nur relevante und logische Angebote vorgestellt, weil die Daten durch die Absichten fokussiert werden und die Reaktionen laufend in Echtzeit auf den Ablauf der Interaktion abgestimmt werden. Sie wählen aus und erhalten Ratschläge, Informationen und Anleitungen hinsichtlich weiterer Optionen, die zusätzlich zur Verfügung stehen. Erst nachdem Sie mit allem zufrieden sind, was Sie ausgewählt haben, bittet Sie das System um Ihre Identifikationsdaten. Bei der üblichen Praxis müssten Sie sich gleich zu Beginn identifizieren, daher bedeutet diese neue Methode, bei der der Kunde zuerst zufriedengestellt wird, einen spürbaren Unterschied. Der Ausweis wird auf einen Scanner am Schreibtisch gelegt und das Formular automatisch ausgefüllt. Der Service-Spezialist zeigt Ihnen das Formular auf dem für Sie beide einsehbaren Bildschirm, sodass Sie die Informationen prüfen können, und anschließend werden die ausgewählten Produkte auf dem Bildschirm noch genauer an Ihre Bedürfnisse angepasst. Das System – das Sie ja nun kennt – überlegt, was für Sie am besten sein könnte. Seine Überlegungen basieren vollständig und ausschließlich auf Daten und auf Hypothesen über diese Daten, die im Kontext getestet wurden und die vom Management laufend fein abgestimmt werden. In nur einem Jahr erreichte die OCBC-Bank durch diese revolutionäre Methode der Einbeziehung des Kunden auf dem Markt in Singapur klar die führende Position nach dem »Net Promoter Score« (dessen Konzept in Kapitel 6 näher erläutert wird).[7]

Ein wichtiger Pfeiler des Erfolgs von OCBC ist, dass das Unternehmen seine Technologiesysteme wie bei einem Schichtkuchen organisiert. Nur so lassen sich die traditionellen Systeme überwinden, die oft seit Gründung der Firma bestehen und nie von Grund auf erneuert, sondern immer nur Stück für Stück angepasst wurden. Diese Altsysteme hängen wie Betonklötze an den Beinen der Unternehmen, die Gefahr laufen, von ihnen unter Wasser gezogen zu werden. Sie sind zweidimensional, während das neue Konzept aus mehreren Ebenen dreidimensionale Systeme erzeugt, die die Variationen unter den Kunden, Produkten und Rechtsstandorten (darunter auch die verschiedenen Kanäle) berücksichtigen, die heutzutage für alle Unternehmen ab einer gewissen Größe zum Alltag gehören. Dieses Denken in Ebenen, das von Computertechnikern auch oft als »Vererbung« (*inheritance*) bezeichnet wird, beruht auf der Idee, dass möglichst viele Informationen gemeinsam genutzt und nur bei Bedarf differenziert werden. Informationen über die allgemeinen Regeln der Geschäftstätigkeit in Nordamerika lassen sich beispielsweise in der obersten Ebene gemeinsam definieren. Bestimmte Unterschiede, die zwischen den USA und Kanada auftreten, werden in einer untergeordneten Ebene festgelegt, in einer nächsten Ebene folgen dann die Unterschiede zwischen British Columbia und Québec und in einer weiteren Ebene die Differenzen zwischen Montreal und Gaspé – und so fort. Dabei bleiben die Gemeinsamkeiten jeweils unverändert erhalten, sodass das Rad nicht jedes Mal neu erfunden werden muss. Dasselbe lässt sich mit den Attributen von Produkten anstellen: Kredite haben beispielsweise alle einige gemeinsame Eigenschaften und unterscheiden sich nur in spezifischen Einzelheiten, die dann in mehreren untergeordneten Ebenen getrennt definiert werden können.

Vodafone und OCBC sind hervorragende Beispiele dafür, welche Wirkung dieses Vererbungsdenken entwickeln kann, bei dem Daten mit Absichten verknüpft werden und man Systeme erhält, die diese Verknüpfung profitabel einsetzen können. Nun wollen wir die Analogie mit dem Baseball-Star C.C. Sabathia auf dieses Thema ausweiten. Stellen Sie sich vor, Sie könnten mit einem winzigen Software-Implantat im Kopf Daten und Absichten verknüpfen. Sie als Batter (Schläger) stehen C. C. Sabathia gegenüber, der seinen ersten Wurf vorbereitet, und das Programm geht alle Optionen durch, betrachtet alle Farben und flüstert Ihnen ins Ohr, welchen Wurf er ausführen wird. Ihre Next-Best-Action wird dadurch besser und Ihre Durchschnittspunktzahl als Batter steigt.

Aber vielleicht interessieren Sie sich gar nicht für Baseball, sondern eher für Schach. Es gibt auch eine Schach-Analogie, die die Argumente für die Verbindung menschlicher Urteilsfähigkeit mit der Schnelligkeit von Computeranalysen sehr gut illustriert. Garry Kasparow, der ehemalige Schach-Weltmeister, gilt bei vielen Menschen als der beste Schachspieler aller Zeiten. In der Rezension eines Buches über künstliche Intelligenz[8] gab er einige Geschichten aus seinen Schachpartien gegen Computer preis. Meist blieb er Sieger im Wettkampf gegen die Technologie, so auch in seiner ersten Partie gegen den hoch gepriesenen IBM-Großrechner »Deep Blue«. Im Rückspiel gegen »Deep Blue« steckte er jedoch eine Niederlage ein. Da IBM kein drittes Spiel mehr zuließ, blieb es in diesem Wettkampf zwischen Mensch und Maschine im Jahr 1990 bei einem unbefriedigenden Unentschieden.

Doch die Überlegungen, wie Schachcomputer besser mit menschlichen Spielern zurechtkommen und mit ihnen spielen könnten, endeten damit nicht. Im Jahr 2005 veranstaltete die Website Playchess.com ein »Freestyle«-Schachturnier. Jeder konnte teilnehmen und die Teams durften Computer benutzen. Da die ausgesetzte Gewinnsumme recht hoch war, meldeten sich auch einige Großmeister, die gleichzeitig mit mehreren Computern arbeiteten, zum Wettkampf an.

Kasparow schreibt: »Die Überraschung offenbarte sich am Ende der Veranstaltung. Die Sieger waren nicht, wie erwartet, ein

Großmeister mit seinem supermodernen PC, sondern zwei amerikanische Amateure, die gleichzeitig drei Computer verwendeten. Sie setzten ihre Computer so geschickt ein und ›trainierten‹ sie so gut darauf, die Positionen eingehend zu studieren, dass sie am Ende über die überlegene Erfahrung der gegnerischen Großmeister und die besser ausgestatteten Computer anderer Teilnehmer triumphierten. Schwache Menschen und Maschinen, die aber einen besseren Prozess hatten, erwiesen sich insgesamt als überlegen gegenüber einem starken Computer alleine und – was noch bemerkenswerter ist – auch überlegen gegenüber einem starken Menschen und einer starken Maschine mit einem schwachen Prozess.«

Dieselben Gleichungen gelten auch für Ihre Geschäftsbeziehungen zu Kunden. Hartosh Singh Bal argumentierte in einem Artikel zum Thema Schach in der *International Herald Tribune* am Ende in wesentlich breiterem Zusammenhang für die Next-Best-Action und das adaptive Lernen: »Bisher deuten die Versuche mit Schach auf hohem Niveau darauf hin, dass die kombinierten Fähigkeiten von Mensch und Maschine nicht nur zu besseren Spielen führen als bei Menschen unter sich. Sie erweisen sich auch als besser als Maschinen unter sich. Würde man Schachspielern erlauben, bei den anspruchsvollsten Turnieren die besten verfügbaren Schachcomputer zu Hilfe zu nehmen, gäbe es dort wohl tatsächlich das beste Schachspiel zu beobachten, das auf Erden möglich ist.«[9]

Wie können Sie nun in geschäftlicher Hinsicht das Potenzial entfalten, das Ihnen das winzige Software-Implantat auf dem Baseballfeld oder die unglaublichen, vereinten Fähigkeiten von Analysesoftware und menschlichem Urteil beim Schachspiel bieten würden? Nun, dazu gehört noch mehr als Daten und Absichten. Diese beiden sind nur zwei von drei Geschwistern.

In der Beziehung zu einem Kunden kann die Next-Best-Action nur dann umgesetzt werden, wenn die Erkenntnis der richtigen

Person übermittelt wird, die gerade mit dem Kunden spricht. Während bei der OCBC so nahtlos ein Konto eröffnet wird, laufen im Hintergrund zahlreiche Aktivitäten ab, mit denen alle Anforderungen der Buchführung und der gesetzlichen Richtlinien abgedeckt werden, das Geld auf das Konto eingezahlt wird und auch PIN-Zugriff und Kartenausgabe ermöglicht werden. Es sind hier also *Prozesse* am Werk – genauer gesagt, ein völlig neuer, *auf den Kunden fokussierter Prozess*, für dessen Gestaltung und Entwicklung reine Daten niemals ausreichen würden.

4
DIE UMSETZUNG MITHILFE VON KUNDENPROZESSEN

"Joe, diese Leute hier sagen, sie wollen hautfarbene Bandagen."

Quelle: © 1963 William O'Brian/The New Yorker Collection/The Cartoon Bank. Abgedruckt mit freundlicher Genehmigung.

Wir haben nun die Erinnerung (Daten) mit Urteilsfähigkeit und Wünschen (Absicht) kombiniert. Zusammen ergeben sie ein Wissen, das uns Daten alleine nicht bieten könnten. Doch eine Sache fehlt noch: Um reaktionsfähig zu sein, um mit diesem Wissen reagieren zu können, brauchen Sie auch Muskelkraft. Nur wenn Sie Kraft aufwenden, können Sie Daten und Absichten arbeiten lassen und Ergebnisse produzieren.

Die Muskeln im menschlichen Körper – die sogenannten »willkürlichen« Muskeln – sind mit Bändern und Sehnen an den Knochen befestigt, und erst diese ermöglichen die Bewegung. Analog dazu haben auch Prozesse, die als Muskeln fungieren, eine Verankerung oder Grundlage, die in den restlichen drei der »sechs W« zu finden ist, die in Kapitel 2 und 3 behandelt wurden. Die Daten sind das »*Wer*«. Die Absicht erweitert die Liste um das »*Was*« und das »*Warum*«. So, wie die Sehnen der Muskeln mit dem Gehirn kooperieren, arbeiten die Prozesse mit den Daten und Absichten zusammen und vervollständigen die Liste: Sie fügen das »*Wann*«, »*Wo*« und »*Wie*« hinzu. Klugheit alleine ist nicht so viel wert wie Klugheit in Kombination mit Muskelkraft.

Der menschliche Körper kann ohne Muskelkraft nicht überleben, und Ihrem Unternehmen geht es genauso. Muskelkraft verleiht Ihnen Beweglichkeit, und wenn sie mit Klugheit einhergeht, erreichen Sie die Art von Beweglichkeit, die Sie brauchen, um den täglichen Geschäftsanforderungen zu genügen. Wenn Sie die »Wahrnehmung« als Daten betrachten und die Absicht sowie die »Reaktion« als Urteil (oder Entscheidungen) und Prozesse ansehen, erkennen Sie, wie schwer es ist, beweglich zu bleiben. Gleichzeitig sehen Sie, in welche Situationen Sie geraten können, wenn Sie nicht beweglich bleiben.

Sicherlich haben Sie Prozesse zur operativen Umsetzung Ihrer Unternehmensaktivitäten. Um auf die Generation D und die Kunden-Apokalypse vorbereitet zu sein, brauchen Sie aber be-

sonders starke Muskeln. Die bestehenden Prozesse werden dem Ansturm nicht widerstehen, ja, sie funktionieren nicht einmal richtig, weil sie ohne die zusätzliche Kraft auskommen müssen, die aus einer echten Kundenorientierung resultiert. Sie brauchen *Kundenprozesse*.

Kundenprozesse erlauben Ihnen die Betrachtung Ihres Unternehmens aus der Kundenperspektive – sozusagen den »Blick auf das Ganze«, über alle Kanäle, Silos und die anderen Bereiche hinweg, die Ihr Unternehmen zerteilen und möglicherweise für eine zerstückelte, unzusammenhängende Kundenerfahrung verantwortlich sind. Dieser Gesamtüberblick von außen ist eine Voraussetzung dafür, dass Sie den Kunden bei ihren Geschäften mit Ihnen eine nahtlose, einheitliche Erfahrung bieten können.

Wenn Ihre Prozesse echte *Kundenprozesse* sind, werden Sie nicht mehr ohne Wahrnehmung reagieren. Prozesse, die keine Kundenprozesse sind, arbeiten ohne die weiter oben erwähnte Wahrnehmung und ihre Reaktionen führen zu keinen guten

Ergebnissen. In Großbritannien muss die Supermarktkette Tesco gerade diese Erfahrung durchleben. Tesco ist, vom Gewinn her betrachtet, hinter Walmart der zweitgrößte Einzelhändler der Welt und nach Umsätzen gerechnet der drittgrößte hinter Walmart und Carrefour, und das Unternehmen war »früher das große Tier in der britischen Wirtschaft«. Doch es reagierte auf die Wettbewerber Sainsbury's und Waitrose mit einer Entwicklung zu höherer Qualität und höheren Preisen, und mittlerweile behauptet zumindest ein britischer Börsenanalyst, dass »Tesco Kunden an alle verliert«.[1]

Tesco konnte sein Geschäftsmodell so deutlich ändern, weil das Unternehmen so stark ist, aber es setzte seine Muskelkraft anscheinend ohne genaue Kenntnis der Absichten der Kunden ein, die das Gehirn hätte liefern müssen. Mit anderen Worten rutschte Tesco im Beweglichkeitsraster in den Bereich »gefährlich«, weil das Unternehmen reagierte, ohne vorher darauf zu achten, was sein Markt tatsächlich brauchte und was sich seine Kunden tatsächlich wünschten.

Dann ist da noch das Beispiel Google. Im Mai 2012 verkündete Google den Erwerb von Motorola Mobility und prophezeite vollmundig, dass diese Akquisition das Unternehmen in die Lage versetzen werde, »das Android-Ökosystem unglaublich anzuheizen« und »den Wettbewerb unter den mobilen Computersystemen zu fördern«.[2] Der Kaufpreis lag bei 12,5 Milliarden Dollar.

Die Kaufentscheidung war aus der Wahrnehmung heraus entstanden, dass die Benutzer des Betriebssystems Android nach mehr integrierten Lösungen nach dem Vorbild von Apple verlangten, und dass das Unternehmen einen Wettbewerbsvorteil gewänne, wenn es auch ins Geschäft mit den Geräten einsteigen und nicht nur, wie bisher, die Software-Seite der Gleichung kontrollieren würde.

Dieser Gedankengang stellte sich jedoch als falsch heraus. Googles Wahrnehmung seiner Kunden war nicht vollständig und daher fehlerhaft. Noch vor den Endanwendern der Android-Smartphones liegen die *wahren* Kunden, die Googles Betriebssystem Android kaufen, nämlich die anderen Smartphone-Hersteller. Sie bilden einen der wichtigsten Absatzkanäle von Google.

Googles Reaktion war aufgrund der unvollständigen Wahrnehmung fehlerhaft. Sie entfremdete diesen wichtigen Kanal und schürte Uneinigkeit und Unzufriedenheit unter dieser breiten, wichtigen Kundenbasis. Diese 12,5 Milliarden Dollar haben sich als die bisher schlechteste bedeutende Investition in diesem Jahrzehnt erwiesen.

Das einzig Gute an der Sache ist, dass Google den Fehler erkannte und agil darauf reagierte. Ende Januar 2014 verkündete das Unternehmen, dass Motorola Mobility für 2,91 Milliarden Dollar an den chinesischen Elektronikhersteller Lenovo abgestoßen werde. Das war zwar ein hoher Verlust, aber Google kann sich hin und wieder einen milliardenschweren Fehler leisten ... zumindest im Augenblick noch. Manche Analysten argumentieren auch, dass Berechnungen über den vollen Umfang des Geschäfts und Informationen aus der kurzen Zeit, in der Google den Geschäftszweig besaß, den scheinbaren Verlust von 9,5 Milliarden Dollar wesentlich weniger schlimm aussehen lassen.[3]

Wichtig ist jedenfalls, dass Google den Fehler erkannte und rechtzeitig reagierte. Dies stützt Googles Ruf einer Firma, die aus dieser Perspektive die Generation D versteht.

Erfolg im Beweglichkeitsraster erringt nur, wer es schafft, eine von außen nach innen gerichtete Denkweise einzuführen. »Im Zeitalter des Kunden sind es die Kunden, die Ihre Fähigkeiten als Unternehmen aktivieren. Sie beleuchten die Mitarbeiter, Prozesse und Technologien, die Ihr Unternehmen ausmachen. Für den von außen nach innen gerichteten Ansatz der Neuerfindung Ihres Unternehmens müssen Sie daher verstehen, wie die Kunden Ihre Fähigkeiten aktivieren und mit welchen Kundenerfahrungen Sie diese Erkenntnisse gewinnen und in Investitionen in Technologie übersetzen können, die Ihnen systematisch einen Marktvorteil verschaffen.«[4] Wenn Sie von außen nach innen über die Prozesse nachdenken, mit denen Sie Ihr Unternehmen führen, werden Sie Prozesse entwickeln, die die Absichten der Kunden mit Informationen über diese Kunden verknüpfen können. Damit führen diese Prozesse die Engagements mit Ihren Kunden zu einem Abschluss, der sowohl den Wünschen der Kunden als auch Ihren Wünschen entspricht.

Das ist das Mindeste, was die Generation C erwartet. Sie haben sehr genaue Vorstellungen von ihren Wünschen, und sie wollen wissen, dass Sie sich anstrengen, ihre Wünsche zu erfüllen. Die Generation D hat sogar noch höhere, noch subtilere Ansprüche. Sie haben sehr genaue Vorstellungen von ihren Wünschen, und Sie sollen es ihnen möglichst reibungslos verschaffen – ohne das geringste Anzeichen dafür, dass ihnen etwas verkauft wird oder dass sie auf irgendeine Weise »gemanagt« werden. Gelingt das nicht, dann haben sie Sie »erwischt!« und sorgen außerdem dafür, dass die ganze Welt davon erfährt.

Die beste Methode für jede Interaktion mit Kunden

Für nahtlose Kundeninteraktionen brauchen Sie Kundenprozesse, die dafür sorgen, dass die Kunden Ihr Unternehmen auf personalisierte Weise erleben, und die dem Kunden das Gefühl geben, dass sie genau auf seine Situation zugeschnitten sind. Kein Prozess kann dies ermöglichen, es sei denn, er vereint Daten und Absicht mit der Fähigkeit zur Ausführung.

An dieser Stelle muss der Kundenprozess besonders intelligent sein und sehr schnell arbeiten. Ein Kundenprozess, der diesen Namen wert ist, muss sich an alle Informationen über jeden beliebigen Kunden an jedem beliebigen Tag und mit einer einzigartigen Kombination aus spezifischen oder gar einmaligen Anforderungen anpassen können. Kein einzelner Aspekt der Troika aus Daten, Absicht und Prozess und auch keine Paarung von zweien der Bestandteile könnte dieser Aufgabe gerecht werden. Nur wenn Erinnerung, Absicht und Muskelkraft wie ein reibungsloser Mechanismus ineinandergreifen, erreichen Sie effektive, auf den Kunden fokussierte Ergebnisse.

Wie in Kapitel 3 bereits besprochen, nutzten Farmers Insurance und Vodafone die Erkenntnisse über ihre eigenen Abläufe und Kunden im Rahmen von neuen, kundenorientierten Prozessen, die diese Erkenntnisse verwerteten. Farmers ist ein gutes Beispiel für die Umkehrung des Denkens von innen nach außen, das typisch für die traditionellen Unternehmensprozesse ist: Dort hatte es zum Beispiel einen Prozess für den Vertrieb und einen anderen für die Berechnung und Ausarbeitung der Policen gegeben. Nun hat sich Farmers aber voll und ganz dem von außen nach innen gerichteten Modell verschrieben.

Vodafone nutzt die Breite und Tiefe der Informationen zur Wahrscheinlichkeitsberechnung, um so auf die Absichten der Kunden zu schließen. Anschließend erstellt es einen brandneuen Kundenprozess, der auf einem stark umkämpften Markt die Loyalität der Kunden erwirkt.

Bei der PNC-Bank ist das neu geschaffene Customer Interaction Management (CIM)-System nun das »Gehirn« der Firma (siehe Kapitel 3). Es zahlte sich bei den Kunden aus und sorgte vom ersten Tag seiner Einführung an für einen positiven Schub bei den Einnahmen. Seither ist es der Grund für ein außergewöhnlich hohes Zufriedenheitsniveau der Kunden, was heutzutage ein sicheres Zeichen dafür ist, dass das Engagement für die Kunden authentischer geworden ist. Temkin Ratings führt die PNC-Bank nun hinsichtlich der Kundenerfahrung auf dem ersten Rang unter allen Banken im Nordosten der Vereinigten Staaten und auf dem zweiten Rang landesweit, wobei nur die

Genossenschaftsbanken besser abschneiden.[5] Darüber hinaus ist PNC die einzige US-amerikanische Bank, die von Bank Monitor die Note »A« für Online-Marketing und -Werbung erhielt.[6]

CIM ist auch bei den Kundendienstmitarbeitern der PNC-Bank sehr beliebt, weil ihnen das System relevante Angebote vorschlägt und sie durch den Prozess ihrer Interaktionen mit den Kunden führt. Sie brauchen nun nicht mehr so viele Fragen zu stellen, um die Möglichkeiten für Cross Selling und erweiterte Angebote abzuklopfen. Dank CIM wissen die Callcenter-Mitarbeiter genauer, was sie dem Kunden am Telefon als Nächstes sagen sollen.[7]

PNC »bringt bei den Kundeninteraktionen auf allen wichtigen Kanälen bereits eine Million Angebote pro Tag zur Sprache«.

In diesen Beispielen stehen die Kunden aber bereits vor der Tür und sind mehr oder weniger interessiert. Wie steht es aber um die Erstkontakte mit Kunden?

Der erste Eindruck

Jeder kennt die Redensart, dass man nie eine zweite Gelegenheit erhält, einen guten ersten Eindruck zu machen. Alle Unternehmen sollten sich diesen Ausspruch zu Herzen nehmen. Auch hier dient uns eine Bank als Beispiel zu seiner Verdeutlichung.

Die heutigen Banken tragen schwer an der Last ihrer Vergangenheit. Betrachten Sie nur die altmodischen Methoden, mit denen Kunden bei vielen Banken gezwungenermaßen ihre Konten eröffnen müssen. Papierformulare und mehrfache Identitätsprüfungen sind umständlich und sorgen für Verzögerungen. Für einen Sparer der Generation C ist diese Kombination tödlich, und wenn erst einmal eine große Zahl der Angehörigen der Generation D zu Bankkunden werden, wird es für die

Banken, die sich nicht angepasst haben, bereits zu spät sein. Mitglieder der Generation D werden wahrscheinlich kaum je überhaupt ein Bankgebäude betreten. Daher ist es kein Wunder, dass die kundenorientierte Kontoeröffnung gerade zur Bewährungsprobe für die zukünftige Wettbewerbsfähigkeit jeder Bank wird.

BB&T Corp. stellte sich dieser Herausforderung, aber anders als OCBC in unserem früheren Beispiel. Die 1872 gegründete Bank ist eine der 15 größten Banken der USA. Mit 1 800 Bankfilialen in zwölf Bundesstaaten und über 30 000 Mitarbeitern ist sie sehr gut repräsentiert. Wie die meisten anderen Banken hatte auch BB&T die traditionelle Methode der Begrüßung neuer Kunden gepflegt, die sich über Jahrzehnte entwickelt und bewährt hatte. Eine Person musste in die Bank kommen und zahlreiche Formulare ausfüllen. Diese Formulare wurden an Büromitarbeiter weitergeleitet. Die Kunden mussten warten, bis die Unterschrift zum Vergleich abgelegt und ihre Identität überprüft worden war, und erst dann wurde ihr Geld auf das neue Konto eingezahlt. Nach dem Anschlag vom 11. September 2001 und der Verabschiedung des PATRIOT-Acts wurden die Formalitäten sogar noch umständlicher. Ein Passus des Gesetzes verlangt ein strengeres Verfahren zur Kundenidentifizierung mit einer Überprüfung einer ganzen Reihe von Dokumenten. Neu hinzukommende Regulierungen machen diese Prozesse weiterhin immer schwieriger, sowohl für Banken als auch für Kunden.

Für Banken, die die Dinge ebenso erledigen wie BB&T früher, bedeuten neue Kanäle wie das Internet oder Telefon auch keine Erleichterung oder Beschleunigung bei der Aufnahme neuer Kunden, denn sie erfordern ganz genau dieselben Schritte. Auch hier sind dieselben Papierformulare erforderlich, ebenso wie dieselben Mitarbeiter im Büro, die sie bearbeiten und prüfen. Die Einführung neuer Kanäle macht die Situation oft sogar noch komplizierter. Die traditionellen Prozesse bedingten, dass BB&T das Potenzial zur Verbesserung der Kundenerfahrung, zur Erhöhung der Einnahmen und Senkung der Kosten, das die neueren Kanäle boten, einfach nicht ausnutzen konnte.

Als die Wettbewerber jedoch begannen, die Kontoeröffnung per Internet zu unterstützen, konnte BB&T nicht tatenlos zusehen. Daher arbeiteten die IT-Mitarbeiter fieberhaft an einem System zur Kontoeröffnung per Internet, das mit den Systemen der Wettbewerber vergleichbar sein sollte. Am Ende aber stellten sie einfach etwas auf die Website der Bank, das wieder praktisch denselben Prozess beinhaltete – nur eben mit Zugriff per Internet. Die Ergebnisse entsprachen bei Weitem nicht den Erwartungen der Manager, denn die Online-Prozesse wurden sehr häufig einfach abgebrochen.

Daraus war zu lernen, dass ein neuer Kanal alleine die alten Probleme nicht lösen kann. Die Schwierigkeit lag aber nur teilweise in den alten Prozessen, die kompliziert und unfreundlich waren. Auf der Website konnten die Kunden zwar alle zur Kontoeröffnung erforderlichen Formulare ausfüllen, aber die Bank musste feststellen, dass sie ihr Versprechen an die Internet-Kunden nicht einhalten konnte: nämlich, dass ihre Konten zügig und unkompliziert eröffnet werden würden. Dazu kam noch, dass Kunden, die den Online-Prozess zwar abbrachen, anschließend aber persönlich oder per Telefon mit einem Mitarbeiter sprechen wollten, wieder ganz von vorne anfangen mussten. Die Informationen, die ein Kunde in einen der Kanäle eingab, standen in den anderen Kanälen nicht zur Verfügung.

Hieraus ist eine weitere wichtige Lehre zu ziehen: Sie sollten einen Ort auf keinen Fall überfrachten. Die Absicht hat eine eigene Logik, die dem Kunden als Ganzes präsentiert werden muss. Der Prozess muss an allen erforderlichen Orten zugänglich sein, aber Sie dürfen keinen Prozess in einen bestimmten Kanal einsperren, indem Sie ihn in den speziellen Systemcode des Kanals integrieren.

Die Situation bei BB&T war für alle Kunden schlimm genug, aber für die Kunden der Generation C, die sich besonders für solche Internet-Transaktionen interessieren, waren Ärger und Frustration auf diese Weise vorprogrammiert. BB&T musste das Problem schleunigst beheben. Schon bald würden auch Kunden der Generation D Bankgeschäfte tätigen wollen. Die Bank entschied sich also für eine völlig neue Lösung und entwickelte einen neuen Prozess zur Kontoeröffnung, der nicht nur alle Büroprozesse, bei denen es irgend möglich war, automatisierte, sondern diese Prozesse auch mit allen Prozessen *vereinte*, die am Schalter mit den Kunden durchgeführt werden mussten. Damit sind alle Prozesse gemeint, die ablaufen, wenn ein Kunde in eine Bank kommt und mit einem Mitarbeiter spricht. Durch die Vereinigung der Serviceanfragen von Kunden über alle Kanäle mit der Bearbeitung dieser Anfragen im Büro schaltete BB&T Verzögerungen und Fehler aus und verbesserte die Erfahrung aller beteiligten Personen.

BB&T gelang es, jeweils den richtigen Ort für die richtigen Entscheidungen festzulegen und eine einheitliche, nahtlose Erfahrung zu schaffen – nicht nur einen Prozess, sondern einen *Kundenprozess*. Heute ist es gleichgültig, ob ein Kunde ein Konto über die BB&T-Website eröffnen, beim Callcenter anrufen oder persönlich in eine Filiale kommen möchte. Alle Kanäle arbeiten einheitlich. Und die Mitarbeiter im Callcenter können nun abgebrochene Anmeldungen aus einem Selbstbedienungskanal übernehmen. Das bedeutet mit anderen Worten: Wenn Sie den Antrag zur Eröffnung eines Kontos auf der Website abbrechen, können Sie später, wenn Sie doch noch anrufen oder persönlich in die Filiale gehen, genau dort weitermachen, wo sie stehen geblieben waren.

Nahtlose Kundenprozesse

Die Kunden der Generation C erwarten genau diese Art der reibungslosen Bedienung. Die Kunden der Generation D *erwarten sie nicht*, aber das kommt nur daher, dass sie sich der Nahtlosigkeit gar nicht bewusst sind, bis sie einmal nicht geboten wird. Die Generation D kann sich im Grunde überhaupt nicht vorstellen, dass etwas nicht reibungslos funktioniert.

BB&T integrierte mithilfe der Regeln auch eigene Absichten in die Prozesse. So wurden wichtige Funktionen wie die Identitätsprüfung neuer Kunden, die Beurteilung ihrer Kreditwürdigkeit und Entscheidungen über die Annahme, Ablehnung oder weitere Prüfung ihres Antrags automatisiert. Außerdem wurden die Echtzeit-Schnittstellen, die Überwachung der Kontodeckung, Aktualisierungen der Back-End-Systeme und der Versand von Bestätigungs-E-Mails automatisiert.

Die Ergebnisse sind äußerst positiv. Die Anmeldungen werden nur noch halb so oft abgebrochen. Die Betriebskosten für unterstützende Mitarbeiter sind um 75 Prozent zurückgegangen, weil so viele Aufgaben überflüssig wurden. Es dauert nur noch wenige Minuten, bis ein Konto eröffnet ist, während die Kunden zuvor manchmal zwei Wochen warten mussten. Etwa 90 Prozent der Kunden gaben an, mit ihrer Kontoeröffnung bei BB&T »sehr zufrieden« oder »zufrieden« zu sein. Heute müssen sich BB&T-Kunden nicht mehr fragen, warum die Bank Probleme hat, die sie im Grunde nicht für möglich halten würden.

Darüber hinaus sorgte die neue Lösung für einen beträchtlichen Zustrom neuer Kunden. Einer der Vice Presidents von BB&T gab an, für eine ähnlich große Zunahme hätte man früher etwa 75 neue Filialen eröffnen müssen. Dies allein hätte mehr als 500 Millionen Dollar gekostet, doch BB&T erzielte denselben Wert zu einem Bruchteil dieser Kosten.

Dadurch, dass BB&T die Kunden bei der Navigation durch den neuen Kanal unterstützte, lernte das Unternehmen sie wesentlich genauer kennen. Die Bank hatte zwar bereits in eine 360-Grad-Ansicht der Daten ihrer Kunden investiert, aber die Erfahrungen mit ihrem ersten Versuch im Internet hatte gezeigt, dass bei BB&T zumindest die Interaktionen zwischen Mitarbeitern, Systemen, Inhalten und Unternehmensrichtlinien verbessert werden mussten. Das hieß, dass weitere 360-Grad-Ansichten der *Absichten* und schließlich der *Prozesse* gewonnen werden mussten. BB&T war der Meinung, dass durch die Automatisierung bestimmter Funktionen eine höhere Effizienz erreichbar sein müsse, die den Kunden Vorteile bringen werde. Doch darüber hinaus erkannte die Bank, dass ihre in Silos unterteilten Informationen und Prozesse für ein echtes Kundenengagement hinderlich waren.

Erst als BB&T diese Probleme in Angriff nahm und die neue Lösung entwickelte, wurde die Bank erfolgreich. Der Erfolg stellte sich dadurch ein, dass die Prozesse aus der Sicht der Kunden betrachtet und der Service entsprechend echter Kundenprozesse gestaltet wurde. BB&T stattete die Erinnerung und das eigene Urteilsvermögen mit der Muskelkraft der Prozesse aus. Am Ende war die Ergänzung um weitere 360 Grad der Schlüssel dazu, die Kunden in eine Beziehung einzubinden, die nun von Daten, Absichten und Prozessen gleichermaßen angetrieben wird.

Die Kunden betrachten die einzelnen Kanäle einfach als Wahlmöglichkeiten. Kunden erwarten, dass sie die Freiheit haben, jederzeit reibungslos von einem Kanal zum anderen zu wechseln. Warum auch nicht? Sie können ja auch Filme, die sie im Fernsehen unterbrechen mussten, später auf dem Tablet oder Laptop zu Ende sehen. Sie können ihre Musikbibliothek aus ihrem persönlichen Cloud-Speicher bei Amazon oder Apple auf ihre Mobiltelefone oder Stereoanlagen streamen. Warum sollte ihre Bank ihnen also nicht dieselbe nahtlose Erfahrung bieten?

Gerechterweise muss man hier anmerken, dass es für Unternehmen wie BB&T sehr viel schwieriger ist, diese Art von Nahtlosigkeit zu erreichen. Mit dem Wechsel des Kanals ändert sich die Erfahrung und die Bank muss sich dabei intern um sehr viele Aspekte kümmern. Sie muss die rund 85 Prozent der Kundenerfahrung, die auf allen Kanälen gleich sein sollte, auch wirklich auf allen Kanälen nutzen können, und gleichzeitig den restlichen kleinen Teil der Erfahrung perfektionieren, der für einen Ort spezifisch ist und der die Beziehung festigt. Den Kunden interessiert dies alles letztlich aber nicht. Ihm ist es gleichgültig, dass Sie diese Fähigkeiten haben müssen. Meistens wollen die Kunden gar nicht hören, dass oder wie Sie es schaffen, ihren Erwartungen gerecht zu werden. Für sie ist nur wichtig, dass ihre Erwartungen erfüllt werden. Punktum.

Diese Erfüllung der Kundenerwartungen – und zwar ihrer echten Erwartungen, die ihnen wirklich am Herzen liegen –, *muss* im Zentrum Ihrer gesamten Aufmerksamkeit stehen, wenn Sie die Kunden-Apokalypse der Generation D überleben wollen. Zwei Forscher drücken diese Tatsache sehr deutlich aus:

> Digitales Marketing gerät gerade jetzt auf wesentlich schwierigeres Terrain. Auf der Grundlage des starken Machtzuwachses der Kunden, den das digitale Zeitalter mit sich bringt, steuern wir auf ein On-Demand-Marketing zu: Es muss nicht nur ständig »On«, also verfügbar sein, sondern auch immer relevant, und es muss dem Wunsch des Kunden nach einer Art von Marketing entsprechen, das direkt auf den Punkt kommt und das Hintergrundrauschen pfeilgerade durchdringt.
>
> Das On-Demand-Marketing wird von der fortgesetzten symbiotischen Entwicklung von Technologie und Kundenerwartungen vorangetrieben. Produktinformationen sind dank der Suchmaschinen-Technologie heute bereits ständig abrufbar. Die sozialen Medien fördern den Austausch, Vergleich und die Bewertung eigener Erfahrungen. Und mobile Geräte sorgen dafür, dass die digitale Welt überall zugänglich ist. Manager bekommen die Macht der Kunden täglich zu spüren, wenn beispielsweise Kabelkunden fordern, dass sie Sendungen jederzeit in jedes Gerät einprogrammieren können, oder wenn Reisende erwarten, dass sie eine Smartphone-App bereits nach wenigen Berührungen des Bildschirms mit einer umfassenden Palette von Dienstleistungen rund um die Buchung eines Fluges versorgt.[8]

Jenseits der Prozessmodelle

Wie erfüllen Sie die sich wandelnden Kundenerwartungen an Ihre Prozesse? Wo liegt der Ausgangspunkt für echte Kundenprozesse?

So, wie sich Unternehmen nur auf Daten um der Daten willen konzentrieren und die Absicht immer wieder außer Acht lassen, so neigen sie auch dazu, den Kunden stückweise, von innen nach außen gestaltete Prozesse aufzuzwingen. Selbst die besten dieser Prozesse, bei denen die Kunden immerhin angenehmere Erfahrungen machen als bei Wettbewerbern, sind dennoch stärker auf das Unternehmen ausgerichtet als auf den Kunden. Nur wenige Unternehmen erfinden ihre Prozesse von Grund auf neu aus der Sicht ihrer Kunden. Genau darin liegt das klassische Problem der Modellierung der Unternehmensprozesse, bei der in der Regel immer die Reihenfolge der *internen* Schritte in einem Geschäftsbereich oder Kanal dokumentiert wird. Aber was geschieht, wenn ein neuer Kanal hinzukommt? Sehr oft werden dann die internen Schritte einfach dupliziert, sodass ein neues Silo entsteht, das die getrennte Behandlung der Kunden fortsetzt und zementiert.

Wie umschiffen Sie dieses Handicap der traditionellen Prozessmodellierung? Wenn Sie den Kunden deutlicher erkennen wollen, müssen Sie über Ihre Prozesse nachdenken, wobei immer die eine Frage im Vordergrund stehen muss: Wie will mein Kunde mit mir Kontakt pflegen? Wenn Sie von diesem Punkt ausgehen, werden Sie nie den Fehler machen, *nicht* zu erwarten, dass Ihre Kunden ganz selbstverständlich von einer Interaktion über soziale Medien (beispielsweise einer Schimpftirade oder Lobeshymne) zu einem Online-Chat und von da zu einem Anruf im Callcenter und schließlich zum Besuch in einem Ladengeschäft übergehen wollen.

Das soll nicht bedeuten, dass Sie Ihre Kanäle ignorieren sollten, sondern dass Sie sie so gestalten müssen, dass sie für die Kunden übereinstimmend aussehen und funktionieren. Im Augenblick sind die mobilen und sozialen Kanäle noch sehr neu und gerade deshalb sehr mächtig und revolutionär. Aber sie dürfen nicht in einen eigenen Bereich in Ihrem Unternehmen weggesperrt werden. Sie dürfen auf keinen Fall als Silos strukturiert werden, die irgendwie losgelöst von allem anderen auf ganz eigene Weise arbeiten. Sie müssen es so betrachten, dass sie für die Kunden einfach eine weitere Möglichkeit sind, mit Ihrem Unternehmen in Kontakt zu treten, denn genau so empfinden es die Kunden. Als Kanäle müssen sie unsichtbar sein, weil die Generation D sie so (nicht) sieht.

Erst wenn Sie zu dieser Betrachtungsweise gelangt sind, können Sie Kundenprozesse entwerfen, in denen die Daten mit den Absichten verknüpft werden.

Wo liegen die Hindernisse? Peter Burris schreibt: »Die Herausforderung, die es darstellt, die Kunden systematisch zu verstehen und zu bedienen, liegt darin, dass die Kunden mehr und mehr die Freiheit genießen, jeden beliebigen Weg zu nehmen, der dem von ihnen wahrgenommenen Bedürfnis entspricht. Alle Anstrengungen, die die Prozessmodelle zur Interaktion mit den Kunden einschränken sollen, laufen letztendlich ins Leere, weil die heutigen Kunden einfach zu komplexe Szenarien und Möglichkeiten zur Auswahl haben: Wenn die Kunden am anderen Ende der Beziehung sich frei bewegen und entscheiden können und so viel Marktmacht besitzen, können Sie keinen durchgängigen Prozess für die Beziehung gestalten und implementieren.«[3]

Das stimmt, wenn Sie in den alten Gleisen der Technologienutzung festgefahren sind. Die gute Nachricht lautet jedoch, dass sich die Technologie durchaus so anpassen kann, dass Sie *Engagement in Echtzeit auf Prozessebene* verwalten können. Die meisten Technologie-Fachleute geben das nicht zu, weil sie nicht so denken, ... aber das liegt keineswegs an der Technologie selbst.

Abgrenzungen überschreiten

Bei der Versicherungsgesellschaft Prudential Group Insurance, die zu einem der größten Finanzdienstleistungsunternehmen der Welt gehört, das in den USA, Asien, Europa und Südamerika tätig ist, bedeuteten die vielen verschiedenen Produktlinien und Geschäftszweige große Probleme für den Kundenservice. Das Unternehmen konnte nicht damit umgehen, dass Kunden die Grenzen zwischen den Bereichen überschritten. Also machte es sich daran, den Kundenprozess aus der Perspektive von Kunden von Grund auf neu zu gestalten, weil diese die verschiedenen, getrennten Produktlinien und Geschäftszweige auf selbstverständliche Weise überschreiten mussten und wollten.

Welche Schwierigkeiten stellten sich Kunden von Prudential bisher in den Weg, wenn sie sich mit einer neuen Anfrage an ihren Versicherungsvertreter wandten? Das Unternehmen gab selbst zu, dass die vielen Informationssilos eine »uneinheitliche Serviceerfahrung« für die Kunden ergaben. Die Daten waren in acht getrennten Silos untergebracht. Die für den Kundenservice zuständigen Mitarbeiter saßen in mehreren Callcentern und es war ihnen unmöglich, sich ein umfassendes Bild von einem Klienten zu machen oder die Interaktion effektiv zu gestalten. Noch wichtiger war aber, dass sich auch die Kunden kein umfassendes Bild von Prudential machen konnten. Für sie war deutlich spürbar, dass sie nur ein kleines Teilstück des Unternehmens zu sehen bekamen. Manchmal brauchten die Mitarbeiter acht verschiedene Systeme für den Service an einem Kunden, sodass Prudential lange Zeit sehr viele Mitarbeiter beschäftigen musste, damit der Kundendienst zu Stoßzeiten einigermaßen effektiv geleistet werden konnte. In der übrigen Zeit saßen viele Kundendienstmitarbeiter untätig herum.

Ein zentrales Problem ergab sich daraus, dass das Unternehmen durch Akquisitionen aufgebaut worden war, sodass oft mehrere Systeme nebeneinander unterhalten wurden. Das stellte eine zusätzliche Schwierigkeit für die Mitarbeiter dar, die die systemübergreifenden Kundenerfahrungen vereinheitlichen sollten. Zur Lösung dieses Problems sollten die neuen Kundenprozesse Informationen und Daten mit den Kundenabsichten verknüpfen und den Kundendienst entsprechend dieser spezifischen Absichten vorantreiben. Das Ziel war ein einheitlicher Serviceprozess, der immer gleich funktionierte, unabhängig davon, wie ein Kunde mit Prudential in Kontakt trat. So schuf das Unternehmen einen Kundenprozess, mit dem *jeder beliebige* Kundenservicemitarbeiter *jede* Anfrage nach *jedem* Produkt bearbeiten konnte. Genau dies erwarten die Kunden immer häufiger – eine Erfahrung, bei der das System, das die Person am anderen Ende der Leitung benutzt, die richtigen Fragen anregt, die richtigen Antworten einholt und alles miteinander integriert.

Auch American Express nimmt heute – nach einer Servicerevolution innerhalb der World Service-Organisation – die Kunden genauer ins Visier. Das Unternehmen hatte die Marke American Express lange Zeit rund um die Kreditkarte und die Vorzüge einer Mitgliedschaft positioniert. Doch im Zuge der Zunahme der Online-Transaktionen und der unvermeidlichen Vielfalt alternativer Zahlungsmethoden stellte das Unternehmen fest, dass die herkömmliche Nutzung der Kreditkarte gefährdet war. Wie konnte American Express angesichts dieser Tatsache einen Kundenstamm halten, der um den Besitz dieser Plastikkarte herum aufgebaut worden war? Und wie sollte es sich so erweitern, dass es auch die Kunden der Generation C und D für sich gewinnen konnte? Auch die Generation D wird schließlich ein Alter erreichen, in dem es sinnvoll wird, American Express zu entdecken, und wenn es so weit ist, werden ihre Mitglieder all die Eigenschaften mitbringen, die sie für jedes Unternehmen als Kunden so begehrenswert, aber gleichzeitig auch so gefährlich machen.

American Express erkannte, dass der wahre Vorteil der Mitgliedschaft nicht in der Karte an sich liegt, sondern in der dahinter stehenden Beziehung, die auf Vertrauen und einem außerordentlich hohen Niveau an Service und Aufmerksamkeit beruht. Also beschloss das Unternehmen als wichtigste strategische Maßnahme, die Beziehungen zu den Kunden zu vertiefen. Als Erstes wurde unter den Mitarbeitern eine Kultur der Exzellenz gefördert: Der bisherige Titel »Customer Service Representative« wurde in »Customer Care Professional« umgewandelt, was wesentlich engagierter und professioneller klingt. Es war jedoch mehr als nur eine Namensänderung, denn es wurden auch die Einstellungspraxis und die Einarbeitung entsprechend angepasst, und die Mitarbeiter erhielten wesentlich mehr Eigenverantwortung und Flexibilität, damit sie herausragenden Service leisten können. Dafür schuf American Express ein integriertes globales Netzwerk aus 16 000 Customer Care Professionals in rund zwei Dutzend Serviceeinrichtungen, die alle voll und ganz auf einen beziehungsorientierten Ansatz des Kundenservice eingeschworen sind.

Der Ansatz basiert auf aktivem Zuhören und auf dem Aufbau einer emotionalen Bindung zu den Kunden. Der wichtigste Erfolgsmaßstab ist das Feedback der Kunden, und hier ganz besonders die Angabe, wie wahrscheinlich es ist, dass ein American-Express-Mitglied das Unternehmen an Freunde und Kollegen weiterempfehlen würde. Durch diese intensive Konzentration auf die Kundenbeziehung gewinnt American Express eine loyale Anhängerschaft von Markenbotschaftern, die dafür sorgten, dass das Unternehmen sieben Jahre in Folge den J.D. Power & Associate Award für die höchste Kundenzufriedenheit bei den US-amerikanischen Kreditkartengesellschaften sowie zahlreiche andere internationale Auszeichnungen für Kundenservice gewinnen konnte.

Wie hat American Express dies erreicht? Das Unternehmen erkannte, dass es mehr Wert für sich schaffen kann, wenn es den Mitgliedern mehr Wert bietet, und dass hervorragender Kundenservice ein echter Wettbewerbsvorteil ist. Forschungen zeigen, dass Verbraucher freiwillig sehr viel mehr Geld bezahlen, wenn ein Unternehmen sehr guten Service bietet. Umfragen haben außerdem ergeben, dass eine große Zahl von Verbrauchern bei minderwertigem Service Transaktionen abbricht oder beendet. American Express war klar, dass dem Unternehmen bessere Gelegenheiten offenstanden, wenn es gelang, eine engere Beziehung zu seinen Kunden herzustellen.

So überlegte das Unternehmen, wie sich die Milliarden von Kundeninteraktionen anders und besser behandeln ließen. Wie konnten Daten, Absichten und der Prozess so kombiniert werden, dass man sich von den Wettbewerbern differenzieren würde? American Express wollte mit diesen Elementen die Erwartungen seiner Kunden nicht nur befriedigen, sondern sogar *übertreffen*.

Die Kundenerwartungen ergeben sich aus immer zahlreicheren Serviceerfahrungen quer durch alle Industriezweige und Kontaktpunkte – das wusste American Express. Außerdem war klar, dass die besser informierten Kunden heute ihre Erfahrungen über die sozialen Medien mitteilen. Die Verbraucher befinden sich heute in einer sehr einflussreichen Position, weil sich Inhalte über die sozialen Medien viral verbreiten können und weil mobile Geräte den Zugriff auf alle Informationen rund um die Uhr ermöglichen. Die Verbindungen der Mitglieder im Privatleben und über die sozialen Medien stellen für American Express somit eine gute Gelegenheit dar.

Dies alles bedeutete, dass sich American Express einem neuen Service-Paradigma verschreiben musste, und tatsächlich war es die Serviceorganisation, die die Veränderungen bei American Express hauptsächlich vorantrieb. Der Wandel wurde von unten nach oben gemanagt. Die Frage lautete, wie das Unternehmen das Leben seiner Mitglieder positiv beeinflussen konnte. Wenn der Geschäftszweck von American Express darin bestand, seinen Kunden zu dienen, durfte man die Interaktionen mit Kunden nicht mehr als Transaktionen betrachten, deren Bearbeitungszeitraum ständig verkürzt werden musste, um die Anrufe möglichst schnell abzuwickeln. Da jede Interaktion mit Kunden einzigartig ist, musste American Express den Customer Care Professionals so viel Eigenverantwortung zugestehen, dass sie das Versprechen der individuellen Fürsorge erfüllen konnten. Nur so konnte das Unternehmen die vorgefasste Meinung der Mitglieder hinsichtlich des Kundenservice überwinden und ihre Erwartungen übertreffen.

Zu diesem Zweck war eine Änderung der Firmenphilosophie erforderlich. Es wurden nicht mehr nur Transaktionen abgewickelt, sondern es wurde eine sogenannte *Relationship Care* (Beziehungspflege) eingeführt, die von der Prämisse ausgeht, dass das Unternehmen im Beziehungsgeschäft tätig ist und menschliche Bindungen aufbauen muss. In dem Wissen, dass großartige Marken auf Emotionen gründen, wurde die Kern-Mission von American Express auf das Ziel fokussiert, die am höchsten respektierte Service-Marke der Welt zu sein, wobei die eigene Relationship Care die Customer Care Professionals in die Lage versetzt und motiviert, dieses Versprechen zu erfüllen.

BB&T, Prudential und American Express stellten sich alle der Herausforderung, Kundenprozesse einzuführen. Sie verknüpften Daten mit Absichten und setzen sie nun im Dienste eines von außen nach innen gestalteten Kundenprozesses ein. Dies ist eine äußerst schwierige Aufgabe, die nichts mit Technologie zu tun hat, sondern ausschließlich von der Einstellung des Unternehmens abhängt. Alte Gewohnheiten lassen sich schwer ablegen. Es liegt in der menschlichen Natur, die eigene, traditionelle Weltsicht bewahren zu wollen.

Die tatsächliche Einrichtung des bestmöglichen Kundenprozesses ist leichter gesagt als getan. Sie müssen über den unmittelbaren Kontakt oder die Transaktion hinausblicken und daran denken, dass Ihnen der Kunde sehr lange, möglicherweise lebenslang, erhalten bleibt. Wie wird sich Ihr gemeinsamer Weg mit der Zeit verändern? Wie wird der Kunde an verschiedenen Punkten Ihrer Beziehung mit Ihnen in Kontakt treten und interagieren wollen? Sie müssen Ihre Kundenprozesse so gestalten, dass sie sich an jede mögliche Situation anpassen können.

Diese Fähigkeit der Anpassung an die verschiedensten Situationen ist für das Überleben der Unternehmen entscheidend. Dies zeigt sich heute vielleicht nirgendwo so deutlich wie in der Gesundheitsversorgung in den USA, in der der Affordable Care Act und andere Gesetze und Regulierungen gewaltige Veränderungen nach sich ziehen. Viele Unternehmen im Gesundheitsbereich stehen vor einer radikalen Umgestaltung ihrer herkömmlichen Geschäftsmodelle, weil sie nun nicht mehr nur mit den Arbeitgebern, sondern direkt mit Kunden zu tun haben. Bei den neuen Interaktionen geht es hauptsächlich um die Patientenversorgung und Verwaltungsangelegenheiten. Die Anbieter von Gesundheitsdiensten mussten daher sehr schnell wesentlich kundenorientierter werden.

Auch Telerx, eine Tochter des Pharmariesen Merck, die als Outsourcing-Dienstleister für Geschäftsprozesse auch wichtige Aufgaben für andere Firmen erledigt, befand sich in dieser Situation. Viele andere große Pharmazieunternehmen haben Telerx wichtige Operationen anvertraut, darunter auch die Abwicklung der Kundenkontakte über alle möglichen Kanäle. So steht Telerx über 14 herkömmliche und neu entstehende Kontaktkanäle jährlich mit Millionen Kunden, Verbrauchern, Patienten und Gesundheitsdienstleistern in Verbindung. Telerx braucht nicht nur eine »audit-geprüfte« Lösung für die laufend sich ändernden Regulierungen und Vorschriften in den einzelnen Bundesstaaten, sondern auch für die sich wandelnden Anforderungen der Kunden und den Bedarf nach besseren Kontaktmöglichkeiten für die Kunden seiner Klienten über alle Kanäle hinweg. Die bisherige Technologie beruhte auf umständlichen Lösungen für die einzelnen Kontaktzentren, die zu viele einmalige Änderungen erforderten. Es war sehr kostspielig, all diese Einzelanforderungen laufend umzusetzen. Die Technologie ließ sich nur schwer automatisieren und für alle Klienten gleichermaßen standardisieren, sodass sie mit den Prozessen des Unternehmens nicht mehr Schritt halten konnte, die mit exponentiell steigender Geschwindigkeit immer komplexer wurden.

Telerx musste seine Prozesse so umgestalten, dass sie dieser zunehmenden Komplexität begegneten. Die Lösung musste Telerx außerdem in die Lage versetzen, dem wachsenden Kundenstamm bessere Serviceangebote mit Mehrwert anzubieten, denn die Firma entwickelte sich sehr rasch von einem traditionellen Kontaktzentrum zu einem Beratungsdienstleister für Unternehmen. Worauf es bei der Erstellung des neuen Prozesses hauptsächlich ankam, war *Anpassungsfähigkeit*.

Da sich das Unternehmen auf das Konzept der von außen nach innen gestalteten Kundenprozesse einließ, erfüllen die Technologiesysteme heute all diese Aufgaben sehr gut. Die Lösung kombiniert eine Engine für die Regulierungen mit dem Management der Unternehmensprozesse und ist ein hervorragendes Beispiel dafür, wie sich die Cloud für schnelle Implementierungen nutzen lässt, während gleichzeitig berücksichtigt wird, dass sich alle Vorteile nur dann voll ausschöpfen lassen, wenn Absicht und Prozess fortlaufend verbessert werden. Sie beinhaltet starke Tools für das Fallmanagement und automatisierte Arbeitsabläufe. Und – was in der Gesundheitsversorgung besonders wichtig ist: Die Lösung erfüllt oder übertrifft alle Qualitätsprüfungs- und Sicherheitsanforderungen und lässt sich zudem auf einfache Weise mit den Systemen der internen Datenzentren, mit Anwendungen von Drittanbietern und mit den Systemen der Klienten integrieren.

Mit diesem neuen Kundenprozess, der von digitaler Technologie unterstützt wird, ist Telerx nun auch *für zukünftige Veränderungen gerüstet*. Im Zentrum von allem aber stehen die Kunden.

Auf Veränderungen vorbereitet

Selbst wenn Sie sich auf den Gedanken einlassen, Ihre von innen nach außen gestalteten Prozesse komplett umzugestalten und sie durch umgekehrte *Kundenprozesse* zu ersetzen, gibt es noch viel zu tun. So, wie Muskeln atrophieren, so können auch Kundenprozesse ihre Kraft verlieren. Und nur weil Sie vielleicht herausgefunden haben, wie Sie die 360-Grad-Daten mit den 360-Grad-Absichten und den 360-Grad-Prozessen kombinieren können, wird das damit gewonnene Muskelgedächtnis, das Hochleistungssportlern so gute Dienste leistet, Ihnen nicht unbedingt so lange dienstbar sein. Schon beim nächsten Mal, wenn ein Kunde auf eine Art Kontakt aufnehmen will, mit der Sie noch nie Erfahrung gesammelt haben, wird es Ihnen keinerlei Vorteile mehr verschaffen. Und das könnte bereits am ersten Tag nach der Einführung des neuen Kundenprozesses geschehen.

Mit dem Muskelgedächtnis wiederholen Sie die alltäglichen Bewegungen immer wieder, sodass sie Ihnen sozusagen in Fleisch und Blut übergehen. Es sorgt dafür, dass diese automatischen Bewegungen mit zunehmender Übung immer besser ausgeführt werden. Denken Sie hier ans Radfahren oder ans Tippen auf der Computertastatur. Das Muskelgedächtnis unterscheidet die Spitzenathleten, die jeden einzelnen Aufschlag immer wieder genau auf der Linie platzieren können, von anderen Sportlern, die beispielsweise bei Freundschaftsspielen ziemlich gute Aufschläge zustande bringen.

Dieses Gedächtnis besteht teilweise aus Mustern, und die Kenntnis dieser Muster verleiht definitiv Macht. Aber in Ihren Beziehungen zu Kunden ist ein solches Muskelgedächtnis sogar schädlich, wenn es so stark auf Mustern basiert, dass der Kundenprozess – der zwar immer noch besser ist als ein herkömmlicher Geschäftsprozess – in einem repetitiven, nicht anpassungsfähigen Rahmen stecken bleibt.

Damit Sie nicht in diese Situation geraten, muss ein Kundenprozess mehr als reibungslos funktionieren. Er muss so angelegt sein, dass er dynamisch ist und seine Funktionsweise an jede spezielle Kundensituation und alle Umstände anpassen kann. Wie sonst könnte ein Kundenprozess mit speziellen Absichten verknüpft werden?

Darüber hinaus müssen die Kunden eine ununterbrochene Verbindung erleben. Kundenprozesse dürfen nicht getrennt oder unterbrochen werden, sie müssen dem Kunden ein einheitliches, durchgängig gleiches Bild Ihres Unternehmens vermitteln. Die Kundenerfahrung muss von dem jeweils gewählten Kanal unabhängig sein. Das ist ebenso wichtig wie die Forderung, dass Sie eine einzige Kundenansicht haben müssen.

Schließlich wird ein Prozess, der nicht fließend ist und sich nicht entwickeln kann, nicht nur rasch veralten, sondern sogar zu einem Gefängnis. Ihr Unternehmen verändert sich im Lauf der Zeit, vielleicht sogar innerhalb kurzer Zeit, und auch Ihre Kunden entwickeln sich kontinuierlich, wenn man sie in ihrer Gesamtheit betrachtet. Der Prozess muss diesen Entwicklungen folgen können. So wie das Muskelgedächtnis immer wieder neu trainiert werden muss, so müssen auch Kundenprozesse kontinuierlich neu kalibriert werden, damit sie optimal arbeiten.

Dies kann bei Kundenprozessen, die durch traditionelle Automatisierungsbemühungen entstanden sind, besonders problematisch werden. Die langen Zykluszeiten und die Unfähigkeit, auf neue Anforderungen zu reagieren, die solche traditionellen Automatisierungsbestrebungen kennzeichnen, behindern das Einbringen von Absicht und technischer Muskelkraft. Wenn die Nutzer im Unternehmen darauf vertrauen sollen, dass ein Technologiesystem sich den Anforderungen entsprechend entwickeln kann, dann muss die Agilität von vornherein eingebaut werden. Sonst werden diese Nutzer hoffnungslos auf manuelle Abläufe zurückgeworfen, nur damit sie mit den sich wandelnden Anforderungen Schritt halten können – selbst wenn diese manuellen Abläufe sie mit Sicherheit enttäuschen werden.

Nur wenn Sie Kundenprozesse haben, die nahtlose, dynamische, anziehende (im Web-Slang heißen Sites, zu denen die Menschen immer wieder zurückkehren, auch »sticky« – »klebrig«) und zur Weiterentwicklung fähige Möglichkeiten zur Geschäftsabwicklung bieten, können Sie Daten und Absichten tatsächlich für sich arbeiten lassen und vorhersehen, was die Kunden brauchen, vorziehen oder sich wünschen werden. Die Erkenntnisse, die Sie aus der Next-Best-Action und der Kenntnis der Absichten gewinnen, sind erst dann wirklich nützlich, wenn sie die Erfahrung der Nutzer wirklich verändern, die Arbeitsprioritäten anpassen, den einzelnen Mitarbeitern je nach Situation bestimmte Aufgaben zuweisen, je nach Kontext automatisch neue Arbeitsabläufe starten und alles, was irgendwie sinnvoll ist, automatisieren.

Vier Prinzipien für Kundenprozesse sollten Sie immer beachten:

Auf diese Weise überwinden Sie die beschränkte Sicht auf die Kunden, bei der sich alles nur um Daten dreht. Sie fügen die Dimension der Absicht hinzu und setzen beide zusammen ein, sodass Sie die Art von Kundenengagement bieten können, die die Generation C verlangt und die Generation D voraussetzen wird. Dieses Niveau des Engagements ist wesentlich lebendiger, weil Sie auch den neusten Kunden genau das geben können, was sie sich aus einer Beziehung zu Ihnen erhoffen: Sie wollen teilnehmen, Sie informieren und mit Ihnen im Gespräch bleiben, ohne das Gefühl zu haben, dass sie nur als Kunden betrachtet werden, denen etwas verkauft werden soll. Dies ist der richtige Weg, um der Generation D ihre Entdeckungen zu verschaffen.

Ein HD-Panorama

In einer HD (High-Definition) Panoramaansicht sehen Sie Farben statt Schwarz-Weiß, und durch die zusätzlichen Details, den breiteren Kontext und die größere Zahl von Informationen erhalten Sie neuen Respekt und neue Gelegenheiten, um sich das Vertrauen Ihrer Kunden zu verdienen.

Den Kunden in eine solche HD-Ansicht zu stellen, die erforderlich ist, um die Kunden-Apokalypse abzuwenden, ist eine Aufgabe, die Sie nicht auf die leichte Schulter nehmen dürfen. Diese Herausforderung könnte sich in Ihrem Unternehmen gut und gern als Wendepunkt erweisen und größere Umwandlungen nach sich ziehen, aber die erhöhte Kundenloyalität, die Sie dadurch erreichen, wird Sie mehr als genug dafür entlohnen. Noch stärker wirkt jedoch der Anreiz, dass Sie ohne entsprechende Aktionen Gefahr laufen, Ihren Kundenstamm zu verlieren, sodass Ihr Unternehmen an den Tropf gehängt werden muss (und das ist noch das beste Szenario).

Wie wir gesehen haben, dreht sich nicht alles nur um die 360-Grad-Ansicht der Daten. Es müssen noch eine zweite und dritte 360-Grad-Ansicht für die Absichten und einen Kundenprozess hinzukommen. Wenn Sie diese drei 360-Grad-Ansichten addieren, erhalten Sie die Summe von 1080, die – vielleicht ironischerweise – in den Qualitätsnormen für Fernsehgeräte der

Auflösung für HD entspricht. Die Auflösung von 1080 Pixeln wird bei Fernsehgeräten zwar bereits übertroffen, aber dennoch ist sie hier eine gute Metapher und das Prinzip der Hochauflösung (High Definition) wird bestehen bleiben. Sollten Sie einmal ein Eishockeyspiel auf einem HD-Bildschirm gesehen haben, bei dem Sie den Puck auf eine Weise verfolgen konnten, die zuvor unmöglich war, verstehen Sie das Prinzip. Wenn Sie wissen, wie eitel Hollywoodstars sind und wie sehr sie HD hassen, weil vor diesen Kameras kein Make-up mehr ihr Alter und ihre kleinen Schönheitsfehler verstecken kann, dann verstehen Sie das Prinzip. Und wenn Sie dieses Verständnis auf Ihre Beziehung zu den Kunden und die alte 360-Grad-Ansicht der Daten übertragen, mit der diese Diskussion begann, dann verblasst sie doch in diesem Zusammenhang, ganz gleichgültig, wie viele Daten Sie auch gesammelt haben mögen.

DATEN
Wer

PROZESS
Wann/
Wo/Wie

ABSICHT
Warum/
Was

Damit all das aber funktionieren kann, dürfen Sie sich nicht mehr nur in Worten zur »Transformation der Technologie« bekennen. Sie müssen die Art und Weise, wie Ihr Unternehmen über Technologie denkt, sie einsetzt, managt und erwirbt, grundsätzlich verändern. Es steht zu viel auf dem Spiel. Sie können nicht mehr einfach nur amateurhaft mit Technologie herumspielen, dafür ist der Wettbewerbsdruck heute zu hoch – und die Generation D lauert bereits an der nächsten Ecke.

5
DIE WANDLUNG DER EINSTELLUNG ZUR TECHNOLOGIE

Warum steht die Technologie im Zentrum der Reaktion auf die Herausforderungen, die in den vorhergehenden Kapiteln beschrieben wurden? Die Antwort ist ganz einfach. *Ohne* Informationstechnologie besteht heutzutage keinerlei Aussicht auf Erfolg. Sie ist Teil des Fundaments, auf dem die heutigen Unternehmen stehen, und die Vorstellung, dass Unternehmen mit vielfältigen Kundenstämmen, mit zahlreichen Produkten oder Dienstleistungen sowie mit Zweigstellen an verschiedenen Orten, ohne Technologie existieren könnten, ist einfach lächerlich. Die Technologie – und wie sie eingesetzt wird – gilt immer häufiger als Grundlage für eine Differenzierung und den Erfolg in der Wirtschaftswelt.

Accenture Plc ist eine der größten Beratungsgesellschaften der Welt und gehört außerdem zu den *Fortune-500*-Unternehmen. Das Unternehmen (mit dem meine Firma eine wirtschaftliche Partnerschaft eingegangen ist) formuliert in seiner *Technology Vision 2013* sehr treffend: »Ohne Informationen und Technologie ist ein Unternehmen in der heutigen digitalen Welt blind.... Alle Unternehmen sind jetzt digitale Unternehmen.«[1]

Weiter heißt es in der Vision von Accenture: »Die Welt um uns ist im Wandel begriffen, und die IT ist eine wesentliche Triebkraft dieser Transformation. IT ist einer der Mindeststandards für effektive Unternehmensführung, aber damit nicht genug: Die IT ist auch zu einer Triebkraft – in vielen Fällen sogar zu *der* Triebkraft – für effektives Unternehmenswachstum geworden. Jeder Industriezweig wird durch Software gesteuert und angetrieben, und daher muss jedes Unternehmen IT als eine seiner Kernkompetenzen betrachten. Damit meinen wir, dass die praktische Unternehmensführung und gleichzeitig auch die Art und Weise, wie wir unser Unternehmen immer wieder neu erfinden werden, während sich die Welt weiterhin verändert, untrennbar mit Software verknüpft ist. Sie steht im Zentrum, wenn wir Dinge neu gestalten und produzieren, wenn wir neue kommerzielle Transaktionen einführen und verwalten, wenn wir intern, aber auch mit Kunden und Zulieferern auf nie zuvor dagewesene Weise zusammenarbeiten. In der neuen Welt werden unsere digitalen Leistungen der Schlüssel zur Innovation und Erweiterung unseres Unternehmens sein.«

Die Technology Vision verweist auf die Welt der Generation D, besonders in dem Passus über die Zusammenarbeit mit Kunden.

Schließlich hält Accenture fest: »Es gibt eine höhere Denkweise – eine digitale Ausrichtung des Geistes –, von der wir glauben, dass sie die leistungsfähigsten Organisationen der Zukunft von ihren weniger guten Rivalen unterscheiden wird.«

Die erweiterte und erhöhte zentrale Stellung der IT in den Unternehmen wird oft auch bereits dadurch erkennbar, dass die Marketingfunktion inzwischen schon höhere Ausgaben für Technologie hat als der IT-Bereich selbst. Laut der Zeitschrift *Forbes* zeigt dieser Trend »keinerlei Anzeichen dafür, dass er in nächster Zukunft enden – oder sich auch nur verlangsamen – wird«.[2]

Dies ist ein starker Beleg für die Tatsache, dass die Unternehmen tatsächlich digital geworden sind. Sehr lange diente die Informationstechnologie, die in den Unternehmen zuallererst die Buchführungs- und Rechnungslegungsfunktionen automatisieren sollte, hauptsächlich zur Unterstützung der internen Operationen. Inzwischen ist sie aber auch fundamental wichtig für alle Unternehmensbereiche, die nach außen hin und für die Kunden sichtbar sind.

In dem *Forbes*-Artikel heißt es weiter, zur Verwirklichung des kundenzentrierten Ansatzes benötige die Marketingabteilung Systeme zur Datensammlung, zur automatischen Datenanalyse und zur gezielten Distribution. So gründeten sich auch Marketingkampagnen immer häufiger auf eine genauere Kenntnis der Kunden und auf Echtzeitanalysen.

Klingt das vertraut?

Der Gebrauch digitaler Technologie ist die Eigenschaft, die die Kunden der Generation D, auf die Sie sich im Augenblick vorbereiten müssen, am deutlichsten kennzeichnet. Sie nutzen sie in einem Ausmaß, das alle Generationen vor ihnen, auch die Generation C, vollkommen in den Schatten stellt.

Da die Digitalisierung also in dem Bereich angekommen ist, in dem Ihre Kunden mit Ihnen in Kontakt treten, wird es absolut unabdingbar, dass sie sie erfolgreich anwenden. Der digitale Kanal ist heute so lebenswichtig wie einst die Fertigung. Fertigung war früher einmal das wichtigste Differenzierungsmerkmal, doch inzwischen ist sie zur Massenware geworden und die digitalen Leistungen sind der neue Differenzierungsfaktor. Sie haben sich zu einer neuen Kernkompetenz entwickelt, ohne die ein Unternehmen und seine Mitarbeiter nicht arbeiten können und ohne die es keine Wettbewerbsvorteile erreicht.

Wie entscheidend ist sie aber? Die richtige »digitale Ausrichtung des Geistes« – um es in den Worten von Accenture auszudrücken – bedeutet den Unterschied zwischen Leben und Tod. Ohne Informationstechnologie können Sie die Stolpersteine nicht beseitigen, die die Kunden der Generation D auf keinen Fall akzeptieren werden. *Es gibt keine Alternative.*

Ihr Weg hin zu einem 1080-HD-Engagement der Kunden, bei dem Daten, Absichten und Kundenprozesse so verknüpft werden, dass Sie den Ansturm der Generation D nicht nur überleben, sondern darin sogar wachsen und gedeihen, beginnt mit einem radikalen Umdenken. Jeder Einzelne in Ihrem Unternehmen muss seine Einstellung ändern, bis alle Mitarbeiter, von den Bereichen Operations und IT bis hin zu den obersten Führungskräften begriffen haben, dass die Technologie vor allem anderen dazu dienen muss, die Erfahrung der Kunden zu optimieren und die Abläufe auf intelligente Weise zu automatisieren.

Die Operations-, Marketing- und Vertriebsmitarbeiter des Unternehmens müssen einerseits erkennen, dass es letztendlich die Technologie ist, die sie entweder an ihr gewünschtes Ziel bringt oder scheitern lässt. Sie müssen darauf vertrauen, dass die Technologie dafür sorgen wird, dass sie ihre Kunden bestmöglich bedienen können. Die IT-Mitarbeiter müssen andererseits dafür sehr viel Kontrolle über Entscheidungen abgeben, die bisher immer als rein technische Angelegenheiten betrachtet wurden. Dies sind zunächst die *Anfangsvoraussetzungen* zur Abwendung des Scheiterns. Wir können den weiteren Weg jedoch nicht beschreiben, wenn die Unternehmenssysteme weiterhin so umständlich und reaktionsträge bleiben, wie sie bisher oft entwickelt und aufgebaut wurden. Wir brauchen schnellere Reaktionen und Kooperationsfähigkeit, und wir müssen das Unternehmen von außen betrachten. Diese drei Dinge müssen in unserem neuen Technologie-Ansatz fest verankert sein.

Business gegen IT

Leider gibt es noch viele Gegensätze zu überwinden, bevor die beiden Bereiche sich verstehen werden. Die Leute auf der Business-Seite sind frustriert. Sie sind mit der Informationstechnologie an ihren Arbeitsplätzen überhaupt nicht zufrieden, weil sie nicht das tut, was sie wollen. Sie fragen sich, warum sie am Arbeitsplatz nie die gleichen Erfahrungen machen wie mit den großartigen Geräten zu Hause, die praktisch alles können. Warum ist die Herstellung gleicher Bedingungen zu Hause und am Arbeitsplatz so vollkommen gescheitert? Oft wissen sie natürlich nicht, was für ein großer Unterschied zwischen Privatgeräten und unternehmensweiten Systemen besteht, doch selbst wenn er ihnen bewusst wäre, würden sie wahrscheinlich Gleichwertigkeit fordern. Schließlich leben wir im 21. Jahrhundert! Außerdem wollen die Nicht-IT-Mitarbeiter die Frage klären, was aus dem ursprünglichen Versprechen geworden ist, dass die unternehmerische Seite die Technik kontrolliert und nicht umgekehrt.

Betrachten Sie beispielsweise die Marketingleute in Ihrem Unternehmen. »Das Vertrauen der Marketingfachleute in das heutige Technologiemanagement schwindet. Sie bezweifeln, dass es die Glaubwürdigkeit, Kooperationsfähigkeit und Architektur besitzt, die das Unternehmen vorwärtsbringen würde. Ein alarmierender Anteil von 32 Prozent der im Marketing tätigen Mitarbeiter ist sogar der Meinung, dass das Technologiemanagement den Unternehmenserfolg behindert.«[3]

»Es behindert den Unternehmenserfolg!« – All diese Faktoren sind zu einem sehr großen Teil schuld daran, dass die Beziehungen zwischen den IT-Leuten und dem restlichen Unternehmen dem Bestreben, die Kunden ins Zentrum zu rücken, diametral entgegenstehen. Es herrschen zu viele Streitigkeiten um Macht und Kontrolle und zu wenig Vertrauen. Die beiden Seiten arbeiten schon viel zu lange gegeneinander.

Die übrigen Mitarbeiter wissen oft nicht genug über die IT-Seite und darüber, was es heißt, ein neues System aufzubauen, aber dennoch glauben sie, sie wüssten genau Bescheid. Auf der anderen Seite hängen die IT-Leute oft viel zu sehr an alten Gewohnheiten und Vorgehensweisen, was sich in einem traditionellen Entwicklungsprozess äußert, der sich seit vier Jahrzehnten kaum verändert hat. Darüber hinaus steht die IT finanziell meist unter sehr hohem Druck, sodass Forderungen aus den anderen Abteilungen oft als zu teuer betrachtet werden.

Zahlreiche weitere Probleme stehen der Effektivität der IT zusätzlich im Wege. Fusionen und Übernahmen lassen ihnen keine Zeit, sich mit anderen Dingen zu befassen als mit der Vereinigung völlig unterschiedlicher Systeme. In den meisten Unternehmen kümmern sich die IT-Mitarbeiter um umfangreiche Altsysteme und wenden rund 80 Prozent ihrer Zeit und ihres Geldes für die Erhaltung der bestehenden Systeme auf.

Ihnen bleibt nicht viel Freiraum, sich zu überlegen, welchen Beitrag sie zu einer möglichen Zukunft des Unternehmens leisten könnten. Angesichts all der dringenden Probleme behelfen sie sich mit altbewährten Methoden oder suchen nach unkonventionellen Lösungen, die Wunder bewirken sollen. So wird die ohnehin schon schwierige Beziehung zu den anderen Abteilungen immer stärker belastet, sodass diese nach Alternativen suchen müssen, die am Ende die Gesamtleistung schwächen.

Die Wurzel der Unstimmigkeiten zwischen der Business-Seite und dem Bereich IT, diesen beiden für Ihr Unternehmen gleichermaßen wichtigen Bereichen, liegt in der Frage, wie Computer programmiert und wie grundsätzliche Entscheidungen über neu zu gestaltende Systeme getroffen werden. Sehen wir uns daher kurz an, wie beide Seiten an den Punkt gekommen sind, an dem wir gegenwärtig stehen.

Die Unordnung in den Systemen

Zu der Zeit, als Computer erstmals in Unternehmen eingesetzt wurden, wurden Systeme beinahe noch auf der Ebene der Binärziffern 0 und 1 programmiert, die der Maschine die Befehle für ihre elementaren Operationen geben. Die Sprache, genannt Maschinensprache oder *Maschinencode*, übermittelte dem Mikroprozessor (Central Processing Unit, CPU) Anweisungen zum Ausführen bestimmter Aufgaben. Ein solcher numerischer Maschinencode ist meilenweit von unseren menschlichen Sprachen entfernt.

Aus diesem Grund ist es seit Beginn der Programmierung erforderlich, zwischen Menschen und Maschinen zu übersetzen. Mit der Entwicklung neuer Programmiersprachen wurde der Bedarf an Spezialisten, die die Maschinen für diejenigen Aufgaben programmieren sollten, die die Menschen im Unternehmen für sie vorgesehen hatten, immer größer. Die Beziehung zwischen den Unternehmensmitarbeitern auf der einen Seite und den Maschinen auf der anderen Seite lief nur über Übersetzungen, und als die Erwartungen an die Fähigkeiten und Einsatzgebiete der Computer stiegen, wurde die Kluft zwischen der Business-Seite und der IT immer breiter.

Der numerische Maschinencode wich dem Assembler-Code, der schon viel weniger umständlich war und einige Fehler behob, aber dennoch noch lange keine Unternehmersprache darstellte. Auch Assemblersprachen waren Übersetzer, die eine Reihe von Prozessor-Anweisungen auf niedriger Ebene sowie Meta-Aussagen und Daten in Maschinenbefehle übersetzten, die der Computer speichern und ausführen konnte.

Die Lage wurde zwar immer besser, aber nur hinsichtlich der Maschinensprachen selbst und nicht im Hinblick auf die Überbrückung der Kluft zwischen Unternehmertum und IT. In den 1950er-Jahren kam Fortran (der Name ist von *Formula Translating System* abgeleitet, wobei *Translating System* für »Übersetzungssystem« steht). Es war eine symbolischere Sprache, die die Programmierung langsam verständlicher machte, aber sie war weiterhin technisch orientiert und nur für Ingenieure geeignet.

Daraufhin wurde COBOL entwickelt, das hauptsächlich für den Einsatz in Unternehmen, Finanzwelt und Verwaltung gedacht war und versprach, die Programmierung an die Sprache der Wirtschaft heranzuführen. COBOL steht für *Common Business-Oriented Language* (»Allgemeine wirtschaftsorientierte Sprache«), aber das Wörtchen »Business« im Namen allein änderte gar nichts. Wirtschaftlich ausgebildete Fachkräfte konnten COBOL nicht verwenden und es blieb dabei, dass die Informationstechniker die Programmierer waren. Auch COBOL war nur ein Übersetzungswerkzeug, das von einer allgemein verständlichen Sprache noch weit entfernt war.

Bei dem folgenden BASIC wurde betont, dass es auch für Programmierer mit weniger technischem Verständnis geeignet sei.

Die Abkürzung steht für *Beginner's All-Purpose Symbolic Instruction Code* (»Symbolischer Allzweck-Befehlscode für Anfänger«), und diese allgemeine Allzweck-Sprache ermöglichte es zumindest einigen Kleinunternehmern, eigene kleine Anwendungen auf ihren PCs zu erstellen. Doch selbst BASIC änderte nichts an der Tatsache, dass man ein *Programmierer* sein musste, um ein System zu erstellen. Ich hatte am College die Ehre, BASIC von seinen Erfindern John Kemeny und Thomas Kurtz zu lernen, aber niemand gab je wirklich vor, es sei unternehmensorientiert. Die Sprache wurde grundsätzlich von den Rechnerschritten, der Datenstruktur und der Mechanik aus betrachtet und setzte die technische Implementierung aus der Perspektive der Maschinen um.

Auf dem historischen Weg der Computersprachen gelangten wir schließlich zu den objektorientierten Sprachen. Sie stellen einen Versuch dar, eine höhere Ordnung logischer Muster zu abstrahieren und den hässlichen »Spaghetti-Code« zu vermeiden, der in anderen Programmierungs-Paradigmen so leicht entstand. »Objekte« sind Konzepte mit Eigenschaften, die sie beschreiben (denken Sie an Datenfelder). Die zugehörigen Prozeduren heißen »Methoden«. Die Anwendungen werden dadurch gestaltet, dass die Objekte miteinander in Interaktion treten. Doch diese Veränderungen machten die Dinge sogar noch komplizierter und abstrakter und letztendlich schwerer zu verstehen.

Dann wurden die Programmiersprachen der vierten Generation (4GL) geboren ... und gingen unter. Sie sollten die Sprachen der dritten Generation (3GL) übertreffen, waren noch stärker auf höhere Konzepte gegründet und wurden von den Technikern oft an datenbankspezifische Implementierungen geknüpft. Diese Techniker meinten, dass sich Anwendungen schneller entwickeln ließen, wenn eine Sprache und Methode die Befehle der 3G-Sprachen mit weniger Fehlern reproduzieren könne. Das übergeordnete Ziel waren Einsparungen bei Zeit, Arbeit und Kosten in der Systementwicklung. Doch diese Anstrengungen liefen ins Leere, weil sie das Problem am falschen Ende anpackten – die Werkzeuge waren erneut für Ingenieure konzipiert und wieder nicht geeignet, die Wirtschaftsfachkräfte stärker in die Technologie einzubeziehen, damit sie endlich das bekamen, was sie wirklich wollten und brauchten.

Seither werden immer neue Programmiersprachen herausgebracht, die den Menschen angeblich das Programmieren erleichtern sollen. Es scheint allerdings eher so, als ob die Sprachen seit COBOL und der Ankündigung, den unternehmerischen Anforderungen näher zu kommen, sich stets genau in die entgegengesetzte Richtung bewegen – immer weiter von der Wirtschaft weg. Wie wahrscheinlich ist es schließlich, dass eine für die *Wirtschaft und Unternehmen* geeignete Programmiersprache auf denselben konzeptuellen Modellen aufgebaut sein könnte wie die traditionelle Programmierung?

Java ist ein hervorragendes Beispiel für den Rückwärtsschritt hin zur erneuten Maschinenorientierung. Sie ist heute die vorherrschende Programmiersprache und ihre Ursprünge lassen sich – unter verschiedenen Namen – bis ins Jahr 1991 zurückverfolgen. Im Jahr 1995 brachte Sun Microsystems die erste öffentliche Version unter dem Namen Java 1.0 heraus. Das beigefügte Versprechen lautete: *Write once, run anywhere* (WORA – »Einmal schreiben, überall ausführen«), und Java verbreitete sich sehr rasch und sehr weit. WORA bedeutet, dass Programme, die auf einer Plattform funktionieren, für andere Plattformen nicht neu kompiliert werden müssen. Java sollte ausdrücklich für alle Zwecke verwendbar und weitestgehend plattformunabhängig sein. Sehr bald war die Sprache allgegenwärtig und es gab neue Versionen mit verschiedenen Konfigurationen für die unterschiedlichen Plattformtypen. Unter jungen Computer-Geeks war Java bald das *sine qua non*.

Heute gibt es über die ganze Welt verstreut Millionen von Java-Programmierern, die für sich selbst sowie für kleine und große

Firmen arbeiten. Sicher ist Java in mancher Hinsicht besser als viele andere Computersprachen, aber ihr Paradigma ist nach wie vor das alte, welches die IT-Mitarbeiter seit Anbeginn der Programmierung vom Rest des Unternehmens trennt: Man braucht immer noch Spezialisten für die Programmierung, und die Art und Weise, wie der Technologie ihre Anweisungen übermittelt werden, hat nichts damit gemein, wie »normale« Wirtschaftsfachkräfte die gewünschten Funktionen beschreiben würden. Für die Wirtschaftsfachkräfte bedeutet das, dass sie sich immer noch an Übersetzer wenden müssen, um sich ihre technischen Bedürfnisse erfüllen zu lassen. Aus ihrer Sicht betrachtet ist COBOL sogar besser verständlich als Java – obwohl auch COBOL weit von ihrer Denkweise entfernt ist.

Die Programmierung ist jedoch nur einer der zwei wichtigen trennenden Faktoren zwischen den Bedürfnissen der Unternehmen und der Art und Weise, wie die Technologie diese Bedürfnisse zu erfüllen versucht. Der zweite Faktor ist Priorisierung der Entwicklungsprojekte.

Traditionelle Systementwicklung

Wie wenig die wirtschaftlichen Fachkräfte in den Unternehmen von der Technologie verstehen, lässt sich anhand einer Analogie verdeutlichen. Stellen Sie sich den IT-Spezialisten als einen Architekten vor und den Unternehmer als einen Klienten, der den Architekten beauftragt, einen Anbau für sein Haus zu entwerfen. Der Kunde weiß ziemlich genau, was er will. Er war im Baumarkt, liest die Zeitschrift *Schöner wohnen* und kennt den Unterschied zwischen Fertigbauteilen, Standardmaßen und Maßanfertigungen. Er weiß, was Erkerfenster und Terrassentüren sind, und dass Türrahmen Standardmaße haben, sodass man für abweichende Maße mehr Arbeit und Geld aufwenden muss. Darüber hinaus ist ihm klar, dass auch Deckenfliesen genormt sind, sodass es davon eine schier unendliche Auswahl gibt. Sollte er jedoch davon abweichen wollen, bedeutet das nicht nur von Anfang an wesentlich höhere Kosten, sondern auch, dass er bei späteren Änderungen nie die günstigeren, genormten Fliesen verwenden kann.

Klient und Architekt können daher sehr gut und pragmatisch miteinander sprechen. Der Klient will dem Architekten sehr viel klar machen. Er bespricht den Zweck des Raumes, sagt, wie er aussehen soll, und nennt auch eine ganze Reihe von wichtigen Eigenschaften. Selbstverständlich hat auch der Architekt eine eigene Meinung und ist in der Lage, alternative Ideen vorzuschlagen, von denen einige sogar ziemlich radikal sind. Aber sie unterhalten sich ganz konkret über Fenster, Türen, die Decke, die Wandfarbe und so weiter. Der Klient ist gut informiert und kann daher auf Augenhöhe mit dem Architekten diskutieren.

Stellen wir dem nun die typische Beziehung zwischen der Business-Seite und der IT gegenüber. Da die IT-Leute den Wirtschaftsfachkräften bei dem heutigen Entwicklungsmodell ohnehin fast nur sehr abstrakt Auskunft geben können, bitten sie sie meist einfach nur, sich keine Gedanken über die Implementierung zu machen. Ist es aber bei solch vagen Aussagen gleich zu Beginn der Konzeption eines Systems ein Wunder, dass sich später Verwirrung, Missverständnisse und unnötig teure Entscheidungen einschleichen?

Im Folgenden beschreibe ich den Entwicklungsprozess in einem typischen Unternehmen, wie er heute traditionell abläuft: Einige Mitarbeiter haben eine Idee zur Verbesserung der Abläufe mit den Kunden, zur Verbesserung der Bedienung eines bestimmten Kundensegments oder zum Umgang mit einer neuen gesetzlichen Bestimmung, die auch die Kunden betrifft. Zur Umsetzung ihrer Idee brauchen sie eine neue Softwarelösung für eine interne Dienstleistung. Sie müssen also mit der IT-Abteilung zusammenarbeiten.

Zu Beginn beschreiben die betreffenden Mitarbeiter in einem Dokument die Systemanforderungen, also alle Aufgaben, die die Softwarelösung erfüllen muss. Das Ziel ist, *alle nur möglichen Aufgaben* in das Dokument aufzunehmen, die in den kommenden drei bis vier Jahren wichtig werden könnten, weil dies die einzige Gelegenheit dazu ist. Es ist meist eher unwahrscheinlich, dass es in absehbarer Zeit eine zweite Version des Systems geben wird. Aus diesem Grund entwickelt sich das Dokument zu einem romanhaften Fantasiegebilde, das 150 Prozent dessen umfasst, was ein Unternehmen je brauchen könnte, um vorhergesehene und imaginäre Ziele zu erreichen.

Zudem gibt es keine nützlichen Feedback-Schleifen. Sobald die IT-Leute das Dokument erhalten haben, beginnt ein Hin und Her aus unbeholfenen und abstrakten Diskussionen, in denen die Zeit- und Kostenunterschiede der möglichen Alternativen selten so klar und aussagekräftig dargestellt werden, dass konstruktive, vernünftige Entscheidungen möglich wären. Am Ende enthält das Dokument nach mehreren Überarbeitungsvorgängen etwas, von dem alle glauben, dass es tatsächlich entwickelt werden kann. Also setzen sich die IT-Leute zusammen und arbeiten die Spezifikationen aus.

Sie werden auf beiden Seiten kaum je auch nur einen Mitarbeiter finden, der meint, dass die Designspezifikationen das Anforderungsdokument exakt widerspiegeln oder umgekehrt. Dennoch werden die Spezifikationen in Programme umgewandelt, was in der Regel ein bis anderthalb Jahre dauert. Der traditionelle Entwicklungsprozess ist vor allem sehr langsam. Wenn die Anwender das System dann schließlich erstmals testen, entspricht es einer bereits längst veralteten Idee für den Umgang mit Kunden – und das ist ein großes Problem, da sich die Generation D bereits anschickt, über Ihr Unternehmen herzufallen. Dazu kommt noch, dass der Code mindestens vier Generationen von der ursprünglichen Idee entfernt ist: Die Ideen durchliefen die Stadien der »funktionalen Zersetzung«, der »technischen Zersetzung« und der »Datenzersetzung« und wurden dann in Form von Codewörtern in Textdateien getippt, die schließlich in die Sprache der Maschinen kompiliert wurden. Nach Ablauf all dieser Zersetzungen erhalten Sie am Ende eine Computersystem-Version von »Lebenden Toten«. Diese Zombie-Systeme, ob sie nun auf einer gekauften und angepassten Software basieren oder von Grund auf selbst gestaltet wurden, sind ihrem Wesen nach reaktionsträge und unbeweglich. Wenn sie erst einmal geschrieben sind, haben sie kaum mehr Ähnlichkeit mit den ursprünglichen Spezifikationen, denn der traditionelle Entwicklungsprozess bedingt eine sehr große Kluft sowohl zwischen der Spezifizierung und der manuellen Programmierung als auch zwischen dieser Programmierung und der letztendlichen Dokumentierung. Dies alles ergibt eine sehr unsichere Grundlage für Veränderungen, weil die Lücke zwischen Bedarf und Implementierung zusammen mit der schlechten Dokumentierung jede Veränderung zu einem furchterregenden Abenteuer macht.

Diese Lücke entsteht in der Regel in mehreren Schritten. Schon von Anfang an ist der Entwurf schwach, sodass die Systementwickler bei der Gestaltung der Architektur die falschen Entscheidungen treffen. Wiederholte Änderungen in den Spezifikationen schwächen den Entwurf noch mehr. Während immer mehr neue Anforderungen hinzukommen und die Programmierer weiter und weiter hinter den Zeitplan zurückfallen, wird das Programm immer umfangreicher und der Code wird aufgebläht, weil alle Teile einzeln programmiert werden. Der endgültige Todesstoß ist dann oft der Wunsch, das ganze System auf einen Schlag einzuführen: Es soll den Benutzern praktisch über Nacht zur Verfügung gestellt werden, sodass es fast unmöglich ist, einzelne Teile des Systems vorab in Betrieb zu nehmen, bevor alles »perfekt« ist.

Die herkömmliche Entwicklung wird häufig als »Wasserfallmodell« bezeichnet. Die Wirtschafts- und IT-Fachkräfte gehen

Schritt für Schritt durch die Anforderungen, das Design, die Implementierung und Prüfung und landen am Ende bei der Wartung. Dabei fließen sie wie Wasser einen Fluss hinunter – und über die Klippe.

Quelle: DILBERT © 1999 Scott Adams. Mit freundlicher Genehmigung von UNIVERSAL UCLICK. Alle Rechte vorbehalten.

Die Wasserfall-Analogie ist sicherlich nicht perfekt, aber sie stellt viele der Probleme heraus, die Anlass zur Sorge geben. Echte Wasserfälle sind wunderschön. Sie sind beliebte Reiseziele, die uns durch ihren Anblick erfreuen. Aber die Wasserfälle des herkömmlichen Entwicklungsprozesses sind künstlich und zaubern selten jemandem ein Lächeln ins Gesicht, weil sie eine äußerst dysfunktionale Methode darstellen. Die vorgegebene Fließrichtung bedeutet beispielsweise, dass kein Feedback stattfindet, und das, was am Ende herauskommt, stürzt wie die Niagara-Fälle auf uns herab – oft mit erschreckender Wucht und entsetzlichen Ergebnissen.

Die Anwender brauchen in jedem Fall Änderungen, damit das System ihrer Arbeitsweise entspricht – entweder, weil sich inzwischen vieles verändert hat oder weil etwas fehlt oder beides. Solche Änderungen kosten aber Zeit und Geld.

Alles in allem bedingt der traditionelle Entwicklungsprozess drei fundamentale Technologieprobleme: Zombie-Systeme, manuelle Systeme und System-Wildwuchs. Sie alle erwachsen aus der einfachen Tatsache, dass die Unternehmensmitarbeiter nicht das bekommen, was sie brauchen.

Zombie-Systeme

Zombie-Systeme sind unbeweglich. Eigentlich müssten sie im Interesse einer besseren Kundenerfahrung verändert werden, aber die Änderungen lassen sich nicht implementieren. In der Unternehmenswelt sind Zombie-Systeme inzwischen eine regelrechte Epidemie.

Schuld an Zombie-Systemen ist vor allem der Prozess des Managements des IT-Portfolios, mit dem die ohnehin immer knappen Finanzen zugeteilt werden. Er wurde gemeinsam mit (und zur Kontrolle des) Wasserfallmodells geschaffen und er funktioniert wie das Management eines Investitionsportfolios. Auch in Ihrem Unternehmen ist er sehr wahrscheinlich gängige Praxis. Die zugrunde liegende Idee klingt verlockend einfach: Man entscheidet, in welche Projekte man investieren will, indem man genau untersucht, wie hoch die Ausgaben für jedes einzelne Projekt sein werden und wie hoch die jeweilige Investitionsrendite ausfallen wird.

Der Portfoliomanagementprozess löst aber natürlich nicht das uralte Problem, wie sich der Wert einer Investition in IT überhaupt errechnen oder messen lässt. Dennoch zwingt er Wirtschaftsfachkräfte des Unternehmens dazu, ein Portfolio ihrer Wünsche und Bedürfnisse vorzulegen. Dann werden knappe Ressourcen auf einige Bereiche des Unternehmens verteilt (Kanäle, Silos und so weiter). Im Wesentlichen wird in einer Kultur des Mangels und der Knappheit ein Wettbewerb erzeugt.

Die Kombination aus Wasserfallmodell und Portfoliomanagement führt dazu, dass die Verfügbarkeit von Software streng geregelt ist. Man baut einen Damm, um den Fluss der Ressourcen zu kontrollieren – so, wie man einen Stausee anlegt. In diesem Stausee steht das Wasser, in diesem Fall also alle Technologiewünsche der Mitarbeiter im ganzen Unternehmen. In der Natur fließt ständig ein Teil des Wassers über die Kante und stürzt als Wasserfall ins Tal, doch im Portfoliomanagementprozess wird das Wasser in Form von Entwicklungsprojekten selektiv abgelassen. Wer will, dass sich die Schleusen für ihn öffnen, muss die Betreiber des Stausees überzeugen. Aus den Schleusen des künstlichen Damms strömen dann diejenigen Projekte, die freigegeben wurden, und das Wasser ergießt sich über den künstlich erzeugten Wasserfall ins Unternehmen. Es wäre gut, wenn Sie die richtigen Entscheidungen getroffen hätten, bevor Sie die Schleusentore öffnen, aber das ist schwer angesichts der vagen Definitionen des Inhalts der verschiedenen Projekte – ganz zu schweigen davon, dass man im Voraus kaum sagen kann, was bei typischen Technologieprojekten am Ende tatsächlich herauskommt.

Der Prozess des Portfoliomanagements soll sicherstellen, dass die wichtigsten IT-Investitionen zustande kommen, aber für die Mitarbeiter ist er enorm frustrierend. Außerdem zementiert er eine sich selbst erfüllende Prophezeiung. Im Kontext des herkömmlichen Entwicklungsprozesses fördert der Portfoliomanagementprozess die Kultur der Überspezifizierung. Das gesamte Paradigma ist auf riesige, überdimensionale Projekte mit überschätzten Kapitalrenditen ausgerichtet. Man schlägt ein großes, wichtig erscheinendes System vor, damit es an die Spitze der Liste gesetzt wird. Die Projekte an der Spitze verschlingen alle verfügbaren Ressourcen, sodass nie die Möglichkeit besteht, eine Version 2 zu liefern (weder für dieses noch für andere Projekte). Dabei könnten darin wichtige Änderungen vorgenommen werden, die letztendlich die Kundenerfahrung verbessern und die Effizienz im Unternehmen steigern. Ohne die Möglichkeit der kontinuierlichen Veränderung stagniert alles im Unternehmen. Und weil die Mitarbeiter wissen, dass Projekte immer stagnieren, überfrachten sie auch das nächste Projekt wieder mit Spezifikationen, nur damit im nächsten Entwicklungszyklus möglichst viele ihrer Wünsche erfüllt werden. Das Ganze ergibt den dysfunktionalen Entwicklungsprozess in den heutigen Unternehmen, der sich selbst am Leben erhält und immer weiter fortpflanzt.

Manuelle Systeme

Als Nächstes kommen wir zu den manuell eingerichteten Systemen, mit denen stagnierende Zombie-Systeme (oder auch fehlende Systeme) umgangen werden sollen. Es ist ja eine ganz natürliche Reaktion, wenn jemand versucht, die Stagnation mit einem manuellen System aufzuheben. Nehmen Sie zum Beispiel Konflikte bei Kreditkartenabrechnungen. Die Kreditkartengesellschaften wissen, dass die Unternehmensrichtlinien zum Umgang mit Konflikten im System oft lange Zeit nicht mehr verändert werden können – sie sind sozusagen in Stein gemeißelt –, also müssen dringende Streitigkeiten am Ende von den Mitarbeitern manuell bearbeitet werden. Wer könnte sie deswegen verurteilen? Wenn die Mitarbeiter über den traditionellen Entwicklungsprozess nicht bekommen, was sie brauchen, suchen sie sich andere Wege. Manchmal erwarten sie von den Systemen ohnehin schon so wenig, dass sie die Spezifikationen von vornherein so gestalten, dass die wichtigen Aufgaben den Menschen überlassen bleiben. Selbst wenn das System sie eigentlich erledigen könnte, wollen sie sich die Möglichkeit offenhalten, die Prozesse zu verändern, ohne den Portfoliomanagementprozess durchlaufen und wieder um etwas Neues bitten zu müssen.

Nicht alle manuellen Systeme kommen ganz ohne Technologie aus. Einige bauen auf Excel-Tabellen oder einfachen Datenbanken auf, doch allen ist gemeinsam, dass sie mit wenig Automatisierung auskommen. Andere sind vollständig manuell und werden nur über Richtlinien und Schulungsmaßnahmen implementiert. Wieder andere bestehen aus einer Kombination von beidem.

In einer Bank kann es beispielsweise so weit kommen, dass ein Zombie-Kreditsystem zwar noch Kredite verbucht und automatisch die Zinsen berechnet, aber den Mitarbeitern nicht helfen kann, wenn es um die Feststellung des richtigen Kreditlimits für einen Kunden oder die Abschätzung der Risiken einer Kreditvergabe geht. Daher erstellen die Anwender ein manuelles System, das das andere System ergänzt. Dieses manuelle System kann dafür aber die Ausführung wichtiger Prozesse nicht zuverlässig garantieren, sodass die Mitarbeiter selbst an die richtigen Vorschriften, Abläufe und Berechnungen denken und sie ausführen müssen. Das kann zu Katastrophen führen, wie wir sie in der Vergangenheit häufig erlebt haben und auch in Zukunft wieder erleben werden – nur weil die Anwender meinen, es gäbe keine geeigneten Alternativen.

Auf diese Weise liefert das Problem der Zombie-Systeme geradezu einen Anreiz für die Entwicklung manueller Systeme. Weil die Anwender die Stagnation ihrer Systeme fürchten, werden oft auch wichtige Systeme so gestaltet, dass sie in vielen Bereichen menschliche Intervention erlauben, weil das die einzige Möglichkeit ist, die notwendigen schrittweisen Änderungen vorzunehmen, die sonst in bestehenden Systemen niemals rechtzeitig eingeführt werden würden.

Manuelle Systeme verschwenden oft sehr viel Zeit und menschliche Arbeitskraft, die sich wesentlich effektiver nutzen ließe, wenn die Menschen die richtigen Technologiewerkzeuge hätten. Ein Beispiel ist das »Fingernet«, also das Hin- und Herwechseln zwischen mehreren Fenstern auf dem Bildschirm, das bei einem besser gestalteten System unnötig wäre, weil es alle Informationen, die zu einer Aufgabe gehören, in einem Fenster vereinen würde. Dasselbe gilt für den Fall, dass ein Mitarbeiter bei der Arbeit zwischen zwei Computern wechseln muss. Die Finger der Mitarbeiter müssen dann für die Computer einfache, standardisierte Aufgaben erledigen – und das stellt unsere Erwartungen an die Leistungen der Technologie wahrhaftig auf den Kopf.

Ein weiteres Problem ergibt sich daraus, dass in manuellen Prozeduren oft viele Dinge fehlen, die in einem echten System enthalten sein müssten, beispielsweise Absicherungen und Kontrollen. Die Ergebnisse sind manchmal verheerend. Die ehrwürdige Barings Bank wurde 1995 beispielsweise durch eine Kombination aus Zombie- und manuellen Systemen vernichtet. Der Trader Nick Leeson schaffte es, das System auszutricksen, die internen Prüfstellen der Rechnungsprüfung und des Risikomanagements der Bank zu umgehen und innerhalb von anderthalb Monaten Verluste von 1,4 Milliarden Dollar anzuhäufen.

Auch die Geschehnisse bei JPMorgan im April und Mai 2012 entwickelten sich aus einer solchen Kombination aus stagnierenden und manuellen Systemen, die die betreffenden Vorgänge undurchsichtig machte und in einer Katastrophe endete. Transaktionen, die über die Londoner Niederlassung der Firma gebucht wurden, führten zu massiven Handelsverlusten. Ein sehr verschlossener Händler namens Bruno Iksil, genannt der »London Whale«, akkumulierte riesige Mengen an Derivaten, sogenannten Kreditausfallversicherungen, und die Bank verlor dadurch 6,2 Milliarden Dollar.[4] Es folgten Strafermittlungen gegen das Risikomanagementsystem und die internen Kontrollmechanismen des Unternehmens und JPMorgan musste 920 Millionen Dollar Strafe zahlen.[5]

Glücklicherweise haben nicht alle manuellen Systeme so fatale Wirkungen. Aber unglücklicherweise müssen viele Unternehmen ihre Lektion erst noch lernen: Manuelle Systeme fördern Intransparenz, sie führen zur Inkonsequenz in der Anwendung von Richtlinien und Regeln, sie können schuld daran sein, dass Unternehmen versehentlichen Fehlern ebenso zum Opfer fallen wie absichtlichen Manipulationen, und sie können dazu führen, dass Unternehmen enorme Strafzahlungen leisten müssen oder sogar untergehen.

Abtrünnige Systeme

Schließlich gibt es noch die abtrünnigen Systeme. Sie entstehen, wenn über die Maßen frustrierte Mitarbeiter gut gemeinte, aber schlecht geplante Notlösungen für ihren Eigenbedarf basteln. Sie wünschen sich, dass durch Automatisierung Prozesse und Regeln in ihre Systeme integriert werden, und sie würden sehr gern den vorgeschriebenen Weg gehen, aber dabei bleiben sie im Sumpf des Portfoliomanagementprozesses stecken. Auf diese Weise sorgen sie ungewollt dafür, dass es schwer wird, die Geschäfte auf vernünftige Weise abzuwickeln.

Verzweifelte und frustrierte Anwender im Unternehmen erstellen manchmal eine Vielzahl von provisorischen Anwendungen und Systemen, die unmöglich aufrechtzuerhalten sind. Wenn Sie die weite Landschaft der Unternehmenswelt durchwandern, werden Sie auf eine erstaunliche Anzahl von Systemen stoßen, die vollständig auf komplexen Makros in einer Excel-Tabelle beruhen. Der Gedanke, dass dies der richtige Weg zur Verbesserung der Kundenerfahrung oder zur intelligenten Automatisierung der Geschäftsprozesse sein könnte, wäre lachhaft, wenn er nicht so potenziell katastrophal wäre.

Der Geschäftsbereich Global Transaction Services (GTS) der Citibank sah sich diesem Problem des Systemwildwuchses gegenüber. GTS stellt Citibank-Kunden in über 100 Ländern eine Vielzahl integrierter Finanz- und Handelslösungen und darüber hinaus Wertpapier- und Fonds-Dienstleistungen zur Verfügung. Unter den anspruchsvollen Klienten sind multinationale Konzerne, andere Finanzinstitutionen sowie Ämter und Behörden. GTS soll lokalen Interessen ebenso dienen wie grenzüberschreitenden Interessen. Heute gilt ihr Service als wohlkoordiniert und auf Weltklasse-Niveau. Er ist ein wichtiger Differenzierungsfaktor im Wettbewerb. Doch das war nicht immer so.

Früher operierte GTS ohne globale Einheitlichkeit. Weltweit gab es Dutzende kleiner Systeme zur Verfolgung und Verwaltung des Kundenservice. Diese Systeme waren über die Jahre hinweg gewachsen, weil einzelne Unternehmensmitarbeiter Dutzende von ihnen selbst erstellten, um ihre Serviceinteraktionen zu verfolgen und die Kunden zu bedienen. Entweder bekamen sie nicht die gewünschte IT-Unterstützung oder sie waren ganz froh, die Dinge auf ihre Weise erledigen zu können. Einige der Systeme wurden bewusst regional entwickelt, andere entstanden heimlich. Manchmal handelte es sich um winzige, manuelle Systeme, die Werkzeuge wie Excel nur zur Verwaltung bestimmter Listen nutzten.

Stellen Sie sich vor, was geschehen wäre, wenn ein großes, multinationales Unternehmen wie PepsiCo Citi GTS als Dienstleister engagiert hätte. PepsiCo hätte Nahtlosigkeit und Integration erwartet, aber ein Account Manager bei Citi GTS hatte überhaupt keine Chance, sich ein einheitliches, umfassendes Bild von PepsiCo als Kunde zu machen, denn die Informationen waren auf viele kleine Automatisierungsinseln verstreut. Aus diesem Grund hätte es geschehen können, dass Pepsi in Detroit und Dubai auf ein und dieselbe Frage völlig verschiedene Antworten bekommen hätte.

Glücklicherweise hat Citi GTS heute alle Länder in einem Service-Basisnetzwerk gespeichert, das als Gesamtheit gesteuert wird, damit der Kundendienst immer »best-in-class« bleibt, das aber dennoch genug Flexibilität bietet, sodass die lokalen Niederlassungen alles Nötige veranlassen können, was sich an ihrem Ort von den gemeinsamen Regeln unterscheidet. Eine gut durchdachte Kampagne vereinte die richtige Technologie und die richtigen Werte so, dass das leitende Management ebenso wie die einzelnen Unternehmenseinheiten davon überzeugt werden konnten, dass das Leben für sie und ihre Kunden mit einem kohärenten Ansatz wesentlich leichter werden würde.

Schatten-IT

Die Disziplin und Teamarbeit, die die Gruppen bei Citi in Einklang brachte, steht in starkem Kontrast zu den meisten anderen Firmen, die sich bisher mit dem Problem des Wildwuchses konfrontiert sahen. In manchen Firmen wurde die Erstellung und Instandhaltung solcher Systeme sogar bereits institutionalisiert und die Mitarbeiter entwickeln immer mehr eigene Systeme und Lösungen ohne Genehmigung der Organisation. Allerdings übersteigen in diesen Fällen die technischen Probleme oft ihre Fähigkeiten und führen zu verheerenden Ergebnissen.

»Unternehmensbereiche umgehen die IT-Abteilung, entscheiden sich eigenmächtig für den Kauf von Anwendungsdiensten in einer Cloud oder nutzen mobile Geräte. So wächst das Gespenst der sogenannten ›Schatten-IT‹, das für den CIO und die IT-Mitarbeitern unkontrollierbar werden kann.«[6]

Dies ist ein unhaltbarer Zustand, der die ohnehin bereits angespannten Beziehungen zwischen der wirtschaftlichen und der technologischen Seite von Unternehmen noch zusätzlich *stark* belastet. »Die Schatten-IT ist inzwischen aus ihrem Schattendasein hervorgebrochen und führt dazu, dass die IT-Abteilungen hektisch Schadensbegrenzung betreiben müssen.«[7]

Solche Schatten-Systeme haben oft nicht einmal den grundlegenden Passwortschutz und es fehlen noch viele weitere Dinge, die ernsthafte Unternehmenssysteme aufweisen müssen. Dennoch werden sie für wichtige Unternehmensaspekte verwendet – natürlich nur, bis sie zusammenbrechen, bis die »Abtrünnigen« entdeckt werden oder bis am Ende auf den Titelseiten des *Wall Street Journal* oder der *Financial Times* ein massiver Fehler aufgedeckt wird.

Lässt sich die Lücke überbrücken?

Viele Menschen glauben zu wissen, wie sich die Lücke zwischen den hervorragenden Erfahrungen zu Hause und den miserablen Erfahrungen in der Firma überbrücken ließe. Picken wir uns eines der zahlreichen Beispiele heraus. Die Object Management Group (OMG)[8], ein 1989 gegründetes, internationales Industriekonsortium, ist eine nicht-gewinnorientierte Vereinigung, der jede Organisation unabhängig von ihrer Größe beitreten kann. Das Mission-Statement von OMG beinhaltet unter anderem die »Entwicklung von ... Integrationsstandards, die realen Wert liefern«, und die Mitglieder der Gruppe »teilen ihre Erfahrungen beim Übergang auf neue Ansätze für Management und Technologie wie das Cloud Computing«.

OMG ist ein gutes Beispiel, weil es eine sehr große und einflussreiche Gruppe ist. Taskforces von OMG beschäftigten sich im Lauf der Jahre mit einer breiten Vielfalt von Technologien und Modellierungsstandards, die alle von verschiedenen Analysten als »das kommende große Ding« gepriesen wurden, das angeblich viele der Probleme lösen könne, von denen Sie hier in den vorausgegangenen Kapiteln erfahren haben. Die Bandbreite reicht von »Architecture-Driven Modernization« bis »Model-Driven Architecture« und von »Real-Time, Embedded and Specialized Systems« bis zur »Unified Modelling Language«.

Besonders die Model-Driven Architecture (MDA) hat es den OMG-Leuten angetan. Es handelt sich um einen Designansatz für Software, der von OMG im Jahr 2001 veröffentlicht wurde. Er umfasst eine Reihe von Richtlinien zur Strukturierung von Spezifikationen, die in MDA in Modellen dargestellt werden. Das Systemdesign soll dadurch effektiver gemacht werden, dass ein abstraktes Modell erstellt wird, aus dem ein automatisches Tool den gesamten Source Code des Softwaresystems – oder zumindest Teile davon – ableiten kann.

Die Ansicht, mit welcher Methode sich eine Lücke am besten überbrücken lässt, hängt jedoch sehr stark davon ab, auf welcher Seite der Lücke man steht – das haben Lücken oft so an sich. OMG steht felsenfest auf der technischen Seite, und daher betrachtet das OMG-Komitee, das die MDA leitet, sie als Ansatz zur Definition der Technologie und nicht der Unternehmen und ihrer Geschäftstätigkeit. Da ihre Wurzeln somit im technischen Bereich liegen, richten sich die möglichen Modelle an Techniker. Aus diesem Grund bleibt auch die MDA in dem alten Paradigma gefangen, das der Technologie den Vorrang gibt, gleichgültig, wie vielversprechend sie sonst auch sein mag. Sie können »modellgetrieben« sein, und dennoch in den obskuren technischen Metaphern verhaftet bleiben, die meilenweit von der Denkweise der unternehmerisch orientierten Mitarbeiter entfernt sind, die sich bemühen, Verbesserungen für ihre Kunden zu erreichen. Der von der Perspektive der Kunden ausgehende, von außen nach innen gerichtete Entwicklungsansatz funktioniert in einem vollkommen anderen Universum.

Verzweifelte Maßnahmen

Aus lauter Verzweiflung suchen Unternehmen nach Allheilmitteln und schnellen Lösungen für ihre Systemprobleme. Eine solche Notlösung ist das Outsourcing von Entwicklungsarbeiten ins Ausland. Dies löst jedoch nicht die grundsätzlichen Probleme, die zu den weiter oben genannten ungünstigen Ergebnissen führen, sondern verlagert sie nur an einen anderen Ort. Der einzige echte Unterschied ist, dass Ihr System von Menschen aufgebaut wird, deren Standort um den halben Erdball von Ihnen entfernt liegt, meistens in Indien. Die dortigen Programmierer arbeiten aber trotzdem nach den veralteten Prinzipien und mit dem herkömmlichen Entwicklungsprozess.

Eine ganze Armee billiger, aber weit entfernter Software-Entwickler macht die Dinge meist sogar noch schlimmer. Durch die große Entfernung verstärken Sie die Abstimmungsschwierigkeiten in einem ohnehin schon dysfunktionalen Prozess. Vielleicht tritt die Dysfunktionalität dadurch sogar noch früher in den Vordergrund!

Eine weitere Verzweiflungsmaßnahme ist die Zufluchtnahme in der Cloud – die Nutzung fremder Hardware- und Software-Ressourcen über das Internet. Dies geschieht heutzutage beinahe schon überall. Sie können nicht längere Zeit fernsehen, ohne eine Werbung für diese oder jene Technologie zu sehen, die »die Macht der Cloud für Sie einsetzt«. Aber, wie es bei neuen Modeerscheinungen häufig der Fall ist: Die Möglichkeiten des Cloud-Computing werden stark übertrieben, während sich viele Probleme in Wirklichkeit auch dadurch nicht effektiv lösen lassen.

Es steht außer Frage, dass die Cloud weiterhin die beschleunigte Einrichtung von Systemen fördert. Sie beseitigt Verzögerungen aufgrund fehlender Infrastruktur und bietet flexible Möglichkeiten zur Befriedigung unerwarteten Bedarfs. Sie vermindert die Reibungen des Einrichtungsvorgangs und außerdem die Kapitalausgaben. Hinsichtlich des *Aufbaus* Ihrer Systeme kann die Cloud jedoch keine Neuerungen bieten. Und – was die Werbung verschweigt – Sie vertrauen Ihre Daten, Ihre Software und Ihre Rechenvorgänge einem weit entfernten, fremden Dienst an. Kurz: Die Cloud eignet sich vielleicht für einige, genau definierte Zwecke, aber sie hat auch gravierende Nachteile, wenn Ihr Ziel ein System ist, das nicht nur in puncto Infrastruktur agil ist, sondern auch hinsichtlich seines Inhalts für das Unternehmen.

Allerdings ist die Cloud ein wichtiger Teil der Online-Welt der Generation D. Viele Anbieter von Unternehmenstechnologie präsentieren das Cloud-Computing daher gerne so, als könne man damit all das tun, was die »coolen Kids« tun. Aus diesem Grund konzentrieren sich auch so viele neue Entwicklungen in den Unternehmen auf iPad, Facebook und Twitter. Und aus demselben Grund bringen auch immer mehr Ihrer Mitarbeiter wahrscheinlich ihre eigenen Geräte und Programme mit zur Arbeit. Sie können diesen Trend wahrscheinlich selbst beobachten, besonders bei jüngeren Mitarbeitern, die versuchen, die Lücke mit ihren eigenen Werkzeugen zu überbrücken, mit denen sie seit Langem sehr zufrieden sind.

Könnten die Cloud und kommerziell erhältliche Software gemeinsam als Dienstleistungsangebot tatsächlich die in Kapitel 4 beschriebenen Kundenprozesse ersetzen? Würden Sie Ihre Erinnerungen, Ihr Urteilsvermögen und Ihre Muskelkraft *einem für die Allgemeinheit geschaffenen Körper* anvertrauen und glauben, dass er wie durch Zauberei so funktioniert, dass Ihre einzigartigen Interessen am besten gewahrt werden? Selbstverständlich nicht. Der Gedanke, dass eine Einrichtung, die im Grunde nur eine Standortmöglichkeit ist, von sich aus auf persönliche, differenzierte und reaktionsschnelle Weise der individuellen Absicht des Kunden am besten entgegenkommt, ist lächerlich.

Auf technischer Ebene ist die Integration von Cloud-Diensten mit Ihren bestehenden Systemen eine enorme Herausforderung. Wenn Sie hier die tiefgreifenden Anpassungen vornehmen wollen, die für echte Kundenprozesse erforderlich sind, werden die Dienste oft wesentlich teurer als alles, was Ihr IT-Team von Grund auf neu schaffen würde. Während die Cloud also vielleicht manche Infrastruktur- und Unterstützungsprobleme löst, bietet sie für folgende Fragen *nicht einmal ansatzweise* eine Antwort: Wie trägt die Cloud dazu bei, dass ich meinen Kunden einzigartig erscheine? Und wenn ich separate Systeme in der Cloud einrichte, wie erreiche ich die erforderliche HD-Integration von Daten, Absichten und Prozessen?

Man kann die Cloud sogar als Brutstätte der nächsten Generation von System-Wildwuchs bezeichnen, denn auch sie fördert

Systeme, die willkürlich zusammengestückelt werden und dann darunter leiden, dass sie sich kaum instand halten lassen, und stagnieren. Die bekannte Computer-Sicherheitsfirma Symantec, ein *Fortune-500*-Unternehmen, führte eine globale Umfrage durch und berichtete im Jahr 2013, dass bei der großen Mehrheit der Unternehmen die Kosten durch »unkontrollierte Cloud-Implementierungen« steigen.[9] Dieser unkontrollierte Wildwuchs von Systemen in der Cloud sieht so aus, dass Mitarbeiter öffentliche Cloud-Anwendungen implementieren, die niemand im IT-Bereich des Unternehmens managt oder in die IT-Infrastruktur des Unternehmens integriert. *In vielen Fällen weiß der IT-Bereich nicht einmal von ihnen*!

Abgesehen von den Kosten stellen solche Fälle auch immense Sicherheitsprobleme dar.

»Warum also tun Organisationen so etwas?«, fragt der Bericht. »Eines von fünf Unternehmen ist sich der Probleme nicht bewusst. Der am häufigsten genannte Grund für derlei unkontrollierte Cloud-Projekte ist jedoch die Einsparung von Zeit und Geld: Der Umweg über die IT-Abteilung würde den Prozess verkomplizieren.«

Bevor Sie also überhaupt je die Chance erhalten, die Angriffe der Generation D auf Ihr Unternehmen abzuwehren, könnten Ihre eigenen Mitarbeiter Ihr Unternehmen in den Selbstmord treiben.

Ist agile Programmierung die Rettung?

Es werden immer wieder Alternativen vorgebracht, die die Probleme des herkömmlichen Entwicklungsprozesses und der von ihm verursachten ungünstigen Systeme (Zombie, manuell und Abtrünnige) beseitigen sollen. Eine dieser Alternativen ist die agile Software-Entwicklung. Sie ist zwar bis zu einem gewissen

Grad sehr hilfreich, aber das Kernproblem der Gestaltung einer Technologie mit der erforderlichen Reaktionsschnelligkeit löst auch sie nicht zufriedenstellend.

Agile Softwareentwicklung wurde 2001 im »Manifest für agile Softwareentwicklung«[10] vorgestellt. Sie basiert auf einem iterativen und schrittweisen Entwicklungsmodell, bei dem sich sowohl die Anforderungen als auch die Lösungen immer weiter entwickeln. Der Prozess erfordert enge Kooperation und die Einbeziehung von Teams aus mehreren Bereichen, die sich für diese Aufgabe selbst organisieren. Daher unterscheidet sich die agile Softwareentwicklung sehr stark von der weiter vorne beschriebenen Beziehung zwischen den Bereichen Business und IT. Sie kommt der Beziehung zwischen dem Architekten und seinem Klienten schon recht nahe und geht daher in die richtige Richtung.

Dennoch löst auch die agile Softwareentwicklung die fundamentalen Probleme nicht. Auch diese Projekte unterliegen nur allzu häufig dem Portfoliomanagementprozess, der weiterhin dafür sorgt, dass zukünftige veränderte Versionen ausgeschlossen sind. Daher zwingt er die Mitarbeiter oft weiterhin zur Formulierung viel zu umfangreicher Spezifikationen, was wiederum zu denselben alten, unflexiblen und unveränderlichen Systemen führt, wie sie auch beim herkömmlichen Entwicklungsprozess entstehen. »Agil« wird also in einer Wasserfall-Kultur ebenfalls zu »Zombie« – er ist nur schneller fertig. Was Sie wirklich brauchen, ist eine *agile Entwicklung in einer agilen Kultur*.

Auch in Organisationen, die in hohem Maß auf agile Softwareentwicklung setzen, erstellen weiterhin zahlreiche Mitarbeiter sehr viele manuelle Systeme, und auch abtrünnige Systeme zeigen überall ihr hässliches Gesicht.

Sind sie bereit für die Veränderung?

Manager wissen seit Jahren, dass ihre Art der Prozesskontrolle viel zu viele Lücken aufweist und dass es in den Organisationen häufig an Urteilsvermögen und Risikokontrolle mangelt. Leider bleibt ihnen meist keine andere Wahl, als manuelle Prozesse oder halbautomatische, unzusammenhängende Systeme zuzulassen, weil sonst die Operationen insgesamt zum Erliegen kämen. Wenn die Fachabteilungen Projekte auf sich nehmen, die zu manuellen und unkontrollierten Systemen führen, institutionalisieren sie dadurch die Lücken in den Prozessen und Kontrollen im *gesamten* Unternehmen. Ja, natürlich brauchen sie eine Möglichkeit, ihre Arbeit zu erledigen, aber sie schaffen auf diese Weise nicht unbedingt Systeme mit gesunder unternehmerischer Urteilskraft. Daraus können sich viel ernsthaftere Probleme ergeben als nur verpasste Gelegenheiten. Wie die Beispiele von Barings Bank und JPMorgan zeigen, können sie sich als katastrophal erweisen.

Es ist nicht schwer zu verstehen, warum solche Systeme entstehen, besonders wenn man bedenkt, wie lange die Fachabteilungen und die IT schon scheinbar aneinander vorbei arbeiten und wie häufig sie nicht zu sinnvoller Kommunikation fähig sind. Da die IT-Abteilung dann aber sehr zu kämpfen hat, um all diese Systeme aufrechtzuerhalten, werden die IT-Mitarbeiter wütend auf die Mitarbeiter der anderen Abteilungen, weil diese immer unzufrieden erscheinen – und so setzt sich der Machtkampf weiter fort.

Was können Sie also unternehmen? MDA, die Cloud und fast alle der weiter vorne beschriebenen Lösungen sind nichts weiter als Placebos. Und obwohl der Wunsch, im Unternehmen dieselben positiven Erfahrungen zu schaffen wie zu Hause, durchaus seine Berechtigung hat, führt der Weg zu echter Unternehmenstechnologie nicht über die Heimtechnologie. Das hat einen einfachen Grund: Das Design für Heimtechnologie – all die wunderbaren Geräte, deren Namen mit »i« beginnen – ist auf Einzelanwender zugeschnitten. So ist es sinnvoll, aber daher kann es auch kein Ersatz für Unternehmenstechnologie werden. In der Unternehmensumgebung darf die Technologie weder um die Mitarbeiter der IT-Abteilung herum organisiert sein noch um *einzelne* Mitarbeiter. Sie muss um den Kunden herum organisiert sein und Agilität, Daten, Absichten und Kundenprozesse bieten.

Wie zu Beginn dieses Kapitels erläutert, müssen Sie in Ihrem Unternehmen zuallererst die Einstellung gegenüber der Technologie ändern. Dies ist der Ausgangspunkt für die Optimierung der Kundenerfahrung, die intelligente Automatisierung der Operationen und die Erfassung des Kunden in HD. Ohne diese Voraussetzung wird sich die Schaffung und Nutzung der Systeme nicht verändern. Der traditionelle Entwicklungsansatz, der zu Zombie-, manuellen und unkontrolliert wuchernden Systemen führte, hat klar ausgedient. Sie müssen alle Anforderungen und Spezifikationen, die zum Wasserfallmodell gehören, abschaffen. Sie brauchen einen rationalen Ansatz für die Gesamtheit Ihrer Technologie, der von unternehmerischen Entscheidungen geprägt ist und nicht von der individuellen und kontrollwütigen »Schleusentor«-Mentalität. Sie müssen die Zusammenarbeit zwischen den Fachabteilungen und der IT neu gestalten, sodass die Systeme so erstellt werden, dass sie auf der Sprache des Unternehmens beruhen und dass sie von den Personen definiert werden, die sie am Ende verwenden und die direkt mit den Kunden in Kontakt kommen. Letztendlich muss sich alles um die Kunden drehen.

Die Technologie, auf die Sie sich einlassen müssen, ist ein System, das die Vereinigung der 360-Grad-Daten mit den 360-Grad-Absichten und den 360-Grad-Kundenprozessen ermöglicht. Solange Sie dies nicht begriffen haben, werden Sie nie erreichen, dass diese drei zusammenwirken und eine Auflösung von 1080 ergeben.

Und dennoch: Selbst wenn Sie all das erreichen, dürfen Sie nach der Umwandlung der Technologie noch nicht aufhören. Die Technologie ist zwar wichtiger als je zuvor, weil die Erwartungen und Annahmen der Generation D in der digitalen Umgebung entstanden sind, aber zur Vorbereitung auf die Kunden-Apokalypse sind noch weitere Maßnahmen erforderlich. Sie müssen auch Ihre Organisation verändern und sie von den Fesseln des alten Denkens und der alten Modelle befreien. Im Folgenden sehen Sie, wie Sie dies noch bewältigen.

6
DIE BEFREIUNG VON DER ORGANISATION

Quelle: *Delacroix, Èugene (1798–1863): Die Freiheit führt das Volk (28. Juli 1830). Musée du Louvre, Paris, Frankreich. Foto von Erich Lessing/ Art Ressource, New York. Abgedruckt mit freundlicher Genehmigung.*

Als ein führendes US-amerikanisches Unternehmen im Bereich Altersvorsorge und Prämien-Management begann, seine Kunden in einen 1080-HD-Fokus zu stellen, erkannte die oberste Führungsriege rasch, dass sie auch den gesamten Prozess der Organisation, Einstellung, Ausbildung und Entlohnung der Mitarbeiter neu gestalten musste. Auch dies bildete einen Teil ihrer völlig neuen Art, die Geschäfte zu führen. Das Unternehmen richtete eine radikal neue Organisationsstruktur ein, die eine engere Zusammenarbeit mit der vernetzten Kundschaft ermöglichte und deren Erfahrungen verbesserte. Dieses Modell ist ein gutes Vorbild, das auch andere Unternehmen übernehmen können.

So wie sich die Beziehung zwischen IT und den übrigen Abteilungen ändern muss, so muss eine Organisation, die die Welt des 1080-HD-Bildes betreten will, auch die Struktur der Technologieanwendung verändern. Es bleibt keine andere Wahl. Dazu genügt es aber nicht, einfach die neuen Ideen als Strategie zu bezeichnen und die Felder im Organigramm ein wenig umherzuschieben. Sie müssen die gesamte Kultur verändern. Auf die Unternehmenskultur kommt es an, denn wie der Managementberater und Autor Peter Drucker es so schön formulierte: »Kultur verspeist die Strategie zum Frühstück.«

Wie kann dies aber gelingen? Ein Schritt besteht in der fundamentalen Umgestaltung der Beziehungen zwischen der IT und den anderen Abteilungen. Es ist nur folgerichtig zu erwarten, dass sich diese Beziehung in vieler Hinsicht ernsthaft verändern muss, wenn Sie die in Kapitel 5 beschriebene Transformation der Art und Weise herbeiführen wollen, wie über die Technologie gedacht und wie sie entwickelt und eingesetzt wird.

Hybridzüchtungen für Business und IT

Viele Unternehmen ändern ihre Organisation so, dass die Mitarbeiter aus allen Abteilungen anders mit den IT-Fachkräften umgehen. Manchmal werden sogar die Reporting-Systeme in der gesamten Firma in Einklang gebracht. Aber für eine wirklich Generation-D-freundliche Organisation, die auf die Kunden fokussiert ist und mit HD-Ansichten arbeitet, müssen Sie noch weiter gehen und alle Abteilungen auf neue Weise ausrichten. Eine Methode hierzu lässt sich aus der Pflanzenwelt übernehmen: die Fremdbestäubung. Die meisten Pflanzen haben sich an die Fortpflanzung durch Fremdbestäubung – durch die Aufnahme von Samen anderer Pflanzen – angepasst. In der Botanik haben sich zahlreiche Mechanismen zur bestmöglichen Ausnutzung dieses positiven Zyklus der Befruchtung und Fortpflanzung entwickelt.

Was ist so besonders gut an der Fremdbestäubung? Die Antwort ist sehr einfach: Die besten DNA-Abschnitte aus mehreren Quellen werden kombiniert und ergeben ein starkes, neues Ganzes.

Unternehmen können von diesem Konzept ebenfalls profitieren. Seine Vorzüge werden seit einiger Zeit in der Unternehmenswelt hoch gepriesen. »Die Fremdbestäubung ist heute eine große Sache. Ob Sie nun ein Einzelhandelsgeschäft oder ein Forschungslabor betreiben – die frohe Botschaft lautet, dass Sie ein kreatives Ferment erhalten, wenn Sie die Dinge durchmischen«, schrieb Lee Fleming bereits vor zehn Jahren in einem Artikel der *Harvard Business Review*.[1]

Ich schlage vor, sogar noch weiter zu gehen. Betrachten wir hier einen Vorteil der Fremdbestäubung, der zu etwas wahrhaft Transformativem führt: den *Heterosis-Effekt* oder gar *Hybridzüchtungen*. Es ergeben sich gesteigerte Lebenskraft und andere verbesserte Eigenschaften, wenn genetisch verschiedene Pflanzen oder Tiere gekreuzt werden. *Heterosis* ist der Fachbegriff für Kreuzungen von Eltern aus verschiedenen Gruppen derselben Art. *Hybride* sind dagegen Lebewesen, die von Eltern aus unterschiedlichen Arten abstammen. Sie könnten argumentieren, dass es sich bei den Mitarbeitern der IT-Abteilung im Gegensatz zu denen aus anderen Abteilungen immer noch um verschiedene Populationen derselben Art handelt, aber jahrzehntelange Beobachtungen legen nahe, dass bei einer Kreuzung doch eher Hybride entstehen.

Das Altersvorsorge-Unternehmen, das zu Beginn dieses Kapitels erwähnt wurde, unternahm eine umfassende »Fremdbefruchtungsaktion«, bei der die gesamte Organisationsstruktur vollkommen umgestaltet wurde. Hunderte von Mitarbeitern wurden aus der IT-Abteilung abgezogen, um die neue Welt zu bevölkern. Sie wurden direkt in andere Abteilungen versetzt und bildeten dort neue »Innovationszentren«. Das Management schuf einen gesunden und wettbewerbsfreudigen Innovations-Inkubator, der die richtigen Investitionen in Projekte belohnte, die zur Verbesserung der Kundenerfahrung dienten. Finanzielle Mittel und Anreize wurden an den Erfolg dieser Projekte geknüpft, also an die Frage, ob sie innerhalb kurzer Zeit (in der Regel innerhalb eines Quartals) echte wirtschaftliche Erfolge erzielten.

Die Innovationszentren wurden von Prozesszentren unterstützt, die dafür sorgten, dass die Prozesse über alle Kanäle hinweg einheitlich und hervorragend funktionierten. Selbstverständlich erledigte die IT auch weiterhin die horizontalen Instandhaltungsarbeiten, ohne die die Innovationsteams ihre Arbeit nicht erledigen konnten, aber immer so, dass ihre Arbeit an den wichtigen Kundenprozessen nicht beeinträchtigt wurde.

Diese Maßnahmen zur »Hybridzüchtung« erzeugten neue Lebenskraft. In der neuen Umgebung änderten sich auch die Verhaltensweisen und Erwartungen. Die Mitarbeiter in den Innovationszentren (aus der IT und den anderen Abteilungen) zogen plötzlich an einem Strang. Sie betrachteten sich nicht mehr als einerseits Nutzer und andererseits Lieferanten eines Dienstes, sondern als Teile von ein- und demselben Team. Die Fremdbestäubung zeigte ihre Wirkung, und die Einstellung und Kultur im Unternehmen änderte sich. Das Ganze wurde dann durch die Neuorganisation bestätigt und verstärkt.

Im Lauf der Zeit änderten sich die Beziehungen zwischen den ursprünglich aus der IT-Abteilung stammenden Mitarbeitern zu ihren Teamkollegen in den Innovationszentren auf radikale Weise. Sie wurden wie die in Kapitel 5 beschriebene Beziehung zwischen Architekt und Hauseigentümer. Der Architekt stellte sein technisches Wissen zur Verfügung, und die Klienten waren ebenso fähig wie berechtigt, eine konkrete Diskussion über die Technologie zu führen.

Es ist wie eine Matrix, geht aber noch weiter. Über Abteilungsgrenzen hinweg wurden gemeinsame Prozesse definiert. Alles, was sich standardisieren und synthetisieren ließ, wurde einheitlich gestaltet, während einzelne Abteilungen oder Abteilungsgruppen weiterhin auch eigene Prozesse führen durften, wo es notwendig war. Wenn Sie die Kunden einheitlich bedienen und jede Interaktion von den Absichten und Prozessen leiten lassen, ist die Kundenerfahrung immer HD. Der gemeinsame Rahmen für gemeinsame Unternehmensprozesse machte das Unternehmen agil und anpassungsfähig, und auch die Managementstruktur spiegelte diese Eigenschaften. Die IT-Mitarbeiter hielten eine vorhersehbare und logische Architektur instand, und auch dies wurde durch die Managementstruktur verstärkt.

Der damalige Chief Operating Officer sagte, dass durch die Einführung der Innovationszentren und die damit verbundene Neugestaltung der Kernprozesse die Betriebskosten dramatisch sanken. Darüber hinaus erläuterte er, wie viel bares Geld im Lauf der Zeit dadurch hereinkam. Die vorhergesagte Produktivitätssteigerung von 30 Prozent im Zeitraum von zehn Jahren sorgte für eine sehr hohe Rendite des investierten Kapitals.

Auch ein weiteres Beispiel, die Bank ING Polen, konnte gewaltige Nutzenvorteile realisieren. Im Zuge einer strategischen Initiative zur Modernisierung der Vertriebs- und Distributionsbereiche vereinheitlichte und verschmolz das Unternehmen einzelne Prozesse so, dass beste Methoden erreicht wurden. Dank dieser Maßnahme wurde die rein auf ING-Produkte spezialisierte Vertriebsmannschaft komplett modernisiert. Neue Agenten waren nun innerhalb von acht Wochen eingearbeitet und konnten mit ihrer Verkaufstätigkeit beginnen, während die Einarbeitung zuvor sechs Monate gedauert hatte. Die ING Polen erweiterte ihre Marktführerschaft durch eine Expansion mit neuen Produkten in neue Verkaufsbereiche und ebenso durch die Eröffnung neuer Distributionskanäle, wobei immer die Gemeinsamkeiten in den Prozessen zum Tragen kamen. Inzwischen werden 80 Prozent der Prozesse gemeinsam verwendet, und das ist eine hervorragende Zahl.

Selbstverständlich brauchen Sie für die Fremdbestäubung und dafür, dass die neue Lebenskraft durch Hybridzüchtung auch wirklich zum Ausdruck kommt, ein Vehikel, in dem sich die DNA Ihres Unternehmens zeigt – die einzigartige, digitale DNA, die Ihr Unternehmen prägt und es von allen anderen unterscheidet. Über dieses Vehikel wird die DNA zu einem Bestandteil jeder Kundeninteraktion, und zwar so, dass der Kunde unbedingt mit Ihnen in Kontakt bleiben will. Dieses Vehikel ist Ihre Software, denn sie ist die technologische Manifestation Ihrer Kundenprozesse. Sie gestaltet die Art und Weise, wie Ihre Kundeninteraktionen von außen nach innen gesteuert werden.

Sprengen Sie die Fesseln der Kanäle und Silos

Nicht alle Organisationen müssen bei der Fremdbefruchtung demselben Weg folgen. Es gibt ein paar Grundprinzipien, aber davon abgesehen können Sie eine eigene Lösung konstruieren, die Ihrer Situation am besten gerecht wird. Sehen Sie sich die Möglichkeiten in Ihrem Unternehmen an. Was ist zwar überall gleich oder ähnlich, aber dennoch nicht gemeinsam organisiert? Was ließe sich gemeinsam nutzen? Bauen Sie darauf auf. Spüren Sie alles auf, was sich über die Grenzen zwischen Kanälen, Silos, Abteilungen und so weiter auf die gleiche Weise erledigen ließe. Dies ist der Beginn des Denkens in mehreren Ebenen. Der Schlüssel dazu ist die Betrachtung des Unternehmens aus der Kundenperspektive. Darüber hinaus sollten Sie nach Dingen suchen, die anscheinend gleiche Attribute haben, oder zumindest danach klingen. Sie wurden ziemlich sicher in einzelnen Silos provisorisch zusammengeschustert.

Dies ist oft schwieriger als es auf den ersten Blick scheint. Bei dem Versuch, Prozesse anzugleichen und Teile davon mehrfach verwendbar zu gestalten, beharren die abgeschotteten Organisationen innerhalb eines Unternehmens meist darauf, dass alles, was sie tun, einzigartig sei und mit anderen Abteilungen oder Geschäftsbereichen nichts zu tun habe. Doch das trifft selten zu.

»Wir organisierten vor Kurzem ein Treffen zwischen mehreren klinischen Mitarbeitern und sie alle dachten, dass sie eine bestimmte Aufgabe ganz anders erledigten als jeder andere«, sagt eine führende IT-Mitarbeiterin bei einem der fünf größten Gesundheitsdienstleister in den USA. »Als wir jedoch ... die Zwiebel ... zu schälen begannen, taten sie alle ziemlich genau das Gleiche, nur etwa fünf Prozent des Vorgangs unterschieden sich tatsächlich.«[2]

Diese Unterschiede, fuhr sie fort, »waren auch hauptsächlich durch die lokalen Gegebenheiten bedingt, unter denen sie tätig waren.... Wenn Sie die wenigen echten Unterschiede herausfinden, dann können Sie sie in Ihr Modell einbauen.«

Mit diesen Kenntnissen können Sie es allen Kanälen, Silos und Abteilungen ermöglichen, sich in einen Kernprozess einzuklinken und umgekehrt. Dies sind die dritten 360-Grad, die zu der vollständigen 1080-HD-Ansicht der Kunden noch fehlen. Wenn ein Kanal Bestellungen bearbeiten muss, dann darf es nur einen Ort geben, auf den der Mitarbeiter dabei zugreift, und die Bestellungen müssen in allen Produktlinien und allen Abteilungen in der Organisationsstruktur auf die gleiche Weise bearbeitet werden.

Die Neuausrichtung der Führungsetage

Einige Organisationen sind sogar noch weiter gegangen und haben eine neue Führungsposition geschaffen, die den Titel Chief Process Officer (CPO) trägt. Dies geschah in Anerkennung der Tatsache, wie wichtig es ist, die Sichtbarkeit der und die Aufmerksamkeit für die entscheidenden Kundenprozesse im gesamten Unternehmen zu erhöhen. Dahinter steckt hauptsächlich der Gedanke, dass beim Markteintritt des Unternehmens dafür gesorgt sein muss, dass die richtigen horizontalen Ansatzpunkte bekannt sind und richtig eingesetzt werden, gleichgültig, welche vertikalen Kanäle das Unternehmen unterhält.

Bei Telstra, dem führenden Telekommunikations- und Informationsdienstleister Australiens, hat die Unternehmensleitung erkannt, dass exzellente Prozesse für die Verwirklichung der obersten strategischen Priorität – der Verbesserung des Kundenservice – entscheidend wichtig sind. Für Telstras neue Vision der Realisierung exzellenter Prozesse wurde das Operationsmodell verändert und neue unterstützende Technologie eingeführt. Im Zentrum all dessen stand entschlossene und überzeugte Koordination durch die leitende Führungsebene. Aus diesem Grund hat dieses Unternehmen, das Telekommunikationsnetze errichtet und betreibt und das Produkte in den Bereichen Festnetz- und Mobiltelefonie, Internetzugang und Bezahlfernsehen an Millionen Kunden in Australien verkauft, einen leitenden Manager, dessen Team *speziell* für Prozess-Exzellenz zuständig ist.

Peter McDonald, der General Manager Process Excellence, erklärt, was es bedeutet, »führend auf dem Markt zu sein«, und weist darauf hin, aus welchem Grund echte Führung auf höchster Ebene so wichtig ist: »Telstra muss ganz genau verstehen, was die Kunden wollen, und anschließend fähig sein, dies in spezifische und realisierbare Anforderungen umzusetzen. Dann müssen wir unsere Prozesse verbessern und liefern ... und zwar nicht nur die Bedürfnisse befriedigen, sondern auch die Wünsche und schließlich den ›Wow-Faktor‹, der echte Begeisterung hervorruft.«

Telstra hat den Unterschied zwischen der alten Organisation der Prozesse und dem in Kapitel 4 beschriebenen Konzept des *Kundenprozesses* begriffen. »Alle guten Prozesse müssen beim Kunden beginnen«, sagt McDonald.[3] »Gute Prozesse sind für die Kunden unsichtbar, aber genau darin liegt der Schlüssel, der die Geschäfte ankurbelt, weil der Kunde sich für [alle anderen Angelegenheiten im Unternehmen] nicht wirklich interessiert. Er interessiert sich nur für die Umwandlung seiner Inputs durch Prozesse in Ergebnisse. Das ist Prozessmanagement« ... wie Telstra es begreift.

»Ihr Unternehmen ist Ihr Prozess«, betont McDonald. Die hervorragenden Kundenprozesse, für die McDonald verantwortlich ist, umfassen auch ein neues System zur Aktivierung von Bestellungen, mit dem die Mitarbeiter sie von Anfang bis Ende in Echtzeit beobachten und eventuelle Engpässe sehen können. Es ermöglicht die laufende Verbesserung des gesamten Unternehmens. Zeitaufwändige Aufgaben wurden vereinfacht oder abgeschafft, Teams wurden zusammengefasst, um Leerlaufzeiten zu verringern, Rollen und Verantwortungsbereiche in der gesamten Servicekette wurden klar definiert, und auch die wichtigsten Leistungsindikatoren wurden klar festgelegt. In einer Produktlinie beobachtet Telstra eine Verkürzung der Zykluszeit zwischen Bestellung und Aktivierung um 70 Prozent – und die Kundenzufriedenheit steigt.

Die Begeisterung resultiert aus der exakten Abstimmung der Prozesse auf die Kunden, wie sie in Kapitel 4 beschrieben wurde.

Im Zuge der Umgestaltung der Führungsriege entsteht auch die neue Rolle des Chief Customer Officer (CCO). Die Forrester-

Analysten Harley Manning und Paul Hagen bemerken beispielsweise, dass immer mehr Unternehmen sich dazu verpflichten, den Kunden ins Zentrum und gleichzeitig in eine HD-Ansicht zu stellen, indem sie eine solche Führungsposition schaffen. In seinem Buch, das er zusammen mit Kerry Bodine verfasste, erklärt Manning, dass diese CCOs manchmal nur eine beratende Rolle innehaben, manchmal aber auch eine Matrixrolle für mehrere funktionale Rollen. In anderen Fällen haben sie sogar vollständige operationale Autorität.[4]

Die meisten CCOs waren früher Leiter eines Geschäftszweigs oder Geschäftsführer kleinerer Unternehmen, oder sie kommen aus Marketing-, Vertriebs- oder Operations-Abteilungen. Dass einige von ihnen nun Positionen übernehmen, in denen sie den Abläufen im Unternehmen insgesamt und direkt vorstehen, ist ein Zeichen der Zeit.

Die Neugestaltung des Kundenservice

Sie werden herausfinden müssen, wie Sie die Absichten der Kunden mit den Absichten Ihres Unternehmens zur Deckung bringen wollen. Auf dieser Grundlage müssen Sie nämlich die Rolle des Kundenservice neu definieren. Dies ist ein umfangreiches Unterfangen. Das Servicemodell, das den Anforderungen der Generation D entspricht, hat wenig Ähnlichkeit mit den gegenwärtigen Methoden der überwiegenden Mehrheit der Unternehmen. Tatsache ist jedenfalls, dass ein Unternehmen, das in der Vergangenheit verhaftet bleibt, niemals zu einer 1080-HD-Ansicht seiner Kunden gelangt. Die Veränderung beginnt damit, dass Sie Ihre alte Denkweise zum Fenster hinauswerfen.

Rufen Sie sich einige traditionelle Erklärungen der Bedeutung von Kundenservice ins Gedächtnis und denken Sie im Kontext Ihres jetzigen Wissens über sie nach. Überlegen Sie, was es heißt, die Kunden in HD zu betrachten, und was dies für die

Mitarbeiter in Ihrem Unternehmen bedeutet, die in direktem Kontakt zu Kunden stehen.

Kundenservice, sagt BusinessDictionary.com, ist: »Alle Interaktionen zwischen einem Kunden und einem Anbieter von Produkten zum Zeitpunkt des Verkaufs und danach. Kundendienst verleiht den Produkten Mehrwert und dient dem Aufbau dauerhafter Beziehungen.«[5] Investopedia drückt es so aus: »Der Prozess, mit dem die Zufriedenheit des Kunden mit einem Produkt oder einer Dienstleistung sichergestellt wird. Oft findet Kundendienst im Rahmen einer Transaktion statt, beispielsweise während eines Verkaufs oder der Rückgabe einer Ware. Kundenservice kann in Form einer persönlichen Interaktion, eines Anrufs, eines Selbstbedienungssystems oder in anderer Form geleistet werden.«[6]

Wikipedia nimmt bei der Definition ein Sachbuch zu Hilfe: »Kundenservice besteht aus einer Reihe von Aktivitäten, die die Kundenzufriedenheit erhöhen sollen – das heißt, das Gefühl, dass ein Produkt oder Service den Erwartungen des Kunden entspricht.«[7]

Fällt Ihnen langsam auf, was all diese Definitionen gemeinsam haben? Es gibt den »Zeitpunkt des Verkaufs und danach«, »die Zufriedenheit mit dem Produkt oder der Dienstleistung« sowie »im Rahmen einer Transaktion ... beispielsweise während eines Verkaufs«. All das sind transaktionale Definitionen, die davon ausgehen – die eigentlich erst damit beginnen –, dass der Kunde kurz davorsteht, sein Geld bei Ihnen auszugeben.

Das immer auf Exzellenz fokussierte BizWatch Online wählt einen etwas anderen Ansatz: »Exzellenter Kundenservice ist der Prozess, mit dem Ihre Organisation ihre Dienstleistungen oder Produkte so ausliefert, dass der Kunde sie auf die effizienteste, gerechteste, kosteneffektivste, menschlich befriedigendste und angenehmste Weise nutzen kann.«[8] Dennoch ist der Service an eine Transaktion gebunden. In all den Definitionen wurde die

Kundenbeziehung nur einmal kurz in einem Nebensatz angesprochen, dabei geht es um eine Beziehung, die möglichst ein Leben lang andauern soll.

Wenn Ihre Kunden erst in der HD-Ansicht stehen, werden Sie natürlich auch Transaktionen mit ihnen abwickeln. Doch nicht diese Transaktionen bestimmen die Art und Weise, wie Sie den Umgang mit den Kunden organisieren und wie die Interaktionen ablaufen. Bestimmend sind stattdessen die Beziehungen, die Sie zu Ihren Kunden aufbauen und die aus den drei 360-Grad-Elementen Daten, Absichten und Prozesse in Kombination mit dem übergeordneten Ziel der Verbesserung der *Kundenerfahrung* bestehen. Wenn Sie dahin gelangen wollen, haben Sie keine Wahl: Sie müssen alle Definitionen von Kundenservice, die auf Transaktionen beruhen, vergessen. Ja, Sie müssen sogar die antiquierte Idee des Kunden-»*Service*« insgesamt abschaffen.

Genau das hat American Express getan. Die Organisation vollzog eine komplette Verwandlung des alten Kundendienst-Modells und ging daraus mit neu definierten Rollen für die ehemaligen »Customer Service Representatives« hervor. Alle Mitarbeiter, die sich auf die Veränderung einließen, sowie alle neu eingestellten Mitarbeiter wurden zu »Customer Care Professionals«, deren Aufgabe es ist, die Kunden zu *engagieren*. Traditionelle, engstirnige, rückwärtsgerichtete Kundendienstmitarbeiter, denen die Umstellung auf die neue Methode nicht gelang, brauchten sich für die neuen Stellen gar nicht erst zu bewerben.

Lassen Sie sich einmal den Unterschied zwischen den beiden Begriffen »Dienst« und »Engagement« durch den Kopf gehen. Konzentrieren wir uns auf die Verbformen. *Engagieren* bedeutet, jemanden zu beschäftigen, anzuziehen, sein Interesse und seine Aufmerksamkeit zu fesseln. Es bedeutet auch, ihn in etwas einzubeziehen, beispielsweise in ein Gespräch, eine Diskussion oder eine Beziehung. *Engagement* beschreibt also eine Beziehung.

Im Gegensatz dazu bedeutet *dienen* (im Zusammenhang mit Kundendienst), dass das Unternehmen lediglich bestimmte Aufgaben erledigt, die die Produktion und Distribution eines Angebots unterstützen. Das ist keine Beschreibung einer Beziehung.

American Express machte sich daran, die Interaktionen mit Kunden zu verändern, den Dienst in Engagement zu verwandeln und allgemein ein Unternehmen von Menschen für Menschen zu werden, das Beziehungen unterhält. Die Verwandlung begann mit einem Operationsrahmen, den Jim Bush, der Executive Vice President of World Service bei AmEx, als einfaches Konzept bezeichnet: befähigen, engagieren und Verantwortung übertragen. Zur »Befähigung« wurde ein globales, integriertes Versprechen an die Kunden entwickelt und umgesetzt. Die Kunden sollen nur die allerbesten Erfahrungen mit AmEx machen, und dazu werden sowohl neue Technologie als auch die Menschen innerhalb der Firma mit ihrer ganzen Leidenschaft eingesetzt. Es war – und ist weiterhin – eine Herausforderung, alle Mitarbeiter auf eine Linie zu bringen, und ganz besonders schwer waren sie davon zu überzeugen, dass das alte Silo-Denken im Kundendienst aufgegeben werden musste. Stattdessen herrscht nun eine neue Denkweise, die zu dem neuen, ganzheitlichen Ansatz passt.

»Engagieren« bedeutet, dass der Kunde an erster Stelle steht und dass alle Mitarbeiter wissen, *wie* sie mit ihm kommunizieren sollten. Laut Bush geht es vor allem um das Zuhören und darum, das Operationsmodell von AmEx entsprechend zu verändern, damit es immer dem entspricht, was der Kunde sagt. Das neue Maß für die Firma ist die einfache Net-Promoter-Frage: »Auf einer Skala von 0 bis 10, wie wahrscheinlich ist es, dass Sie American Express einem Freund oder Kollegen weiterempfehlen?«

Die Frage wurde von Fred Reichheld in seinem Buch *Die ultimative Frage 2.0* beschrieben.[9] Reichheld führt aus, dass manche Kunden Promoter seien und andere Kritiker. Ein Kunde von American Express, der 9 oder 10 Punkte vergibt, ist ein Promoter.

Einige Industriezweige erreichen im Net Promoter Score (NPS) nur sehr niedrige Durchschnittswerte. Dies werte ich als Zeichen dafür, dass die Unternehmen im Umgang mit Kunden generell scheitern, ganz besonders aber im Umgang mit den jüngeren Kunden, von denen ihnen großer Zorn und eine richtiggehende Revolte gegen ihre veralteten Geschäftsmethoden droht. In absteigender Reihenfolge, von gut bis schlecht, handelt es sich dabei um die Branchen Mobilfunk, Banken, Fluggesellschaften, Kreditkartengesellschaften, Lebensversicherungen, Krankenversicherungen, Internet, Kabel- und Satellitenfernsehen. Die letzten drei haben sogar einen *negativen* NPS. American Express war entschlossen, nicht zu diesen Verlierern zu gehören.

Der dritte Teil des Rahmens von Jim Bush, die »Übertragung von Verantwortung«, betrifft die Mitarbeiter von American Express, die im direkten Kontakt zu Kunden stehen. Sie müssen Beziehungen herstellen und aufbauen können. Das Unternehmen erkannte, dass es die Persönlichkeiten seiner Mitarbeiter freisetzen musste, sodass sie ganz natürlich sie selbst sein und dies die Kunden auch spüren lassen konnten. So wurde das Engagement echt, es geschah von Mensch zu Mensch und nicht vom Kundendienstmitarbeiter zum Kunden. Es war nicht leicht, und American Express musste für die neuen Customer Care Professionals sogar das Einstellungsmodell ändern. Aufgrund der Fokussierung auf außergewöhnlichen Service sorgte American Express dafür, dass Mitarbeiter mit der »falschen« Einstellung nichts mehr mit Kunden zu tun hatten, und stellte »gastfreundliche« Personen ein. Auch das Vergütungsmodell wurde geändert, sodass die Mitarbeiter nicht mehr nach dem alten Maß der durchschnittlichen Fallbearbeitungszeit entlohnt wurden, sondern nach einem neuen Konzept, das Bush *Custo-*

mer Handling Time (»Kundenumgangszeit«) nennt. Er definiert diesen Zeitraum als vom Kunden vorgegeben: Er richtet sich danach, was der Kunde wünscht und braucht, denn dies ist es, was letztendlich die Zufriedenheit ausmacht. Die Ausbildung der Customer Care Professionals wurde ebenfalls verändert. Früher wurden etwa 70 bis 80 Prozent der Zeit auf technische Lehrgänge verwendet, doch heute lernen die Mitarbeiter in 70 bis 80 Prozent ihrer Einarbeitungszeit, wie man mit Menschen umgeht und mit ihnen als individuelle Persönlichkeiten in Beziehung tritt. Dies alles lässt American Express heute nach der goldenen Regel leben: Behandle deine Kunden so, wie du gerne behandelt werden würdest.

Die neue Verkabelung der CFO-Funktion

Eine der wichtigsten Veränderungen betrifft den Chief Financial Officer, denn eine Verwandlung der gesamten Organisation verlangt hohe Investitionen in Mensch und Technik. Sie wollen eine neue Beziehung zwischen IT und dem Rest des Unternehmens herstellen und eine HD-Ansicht der Kunden gewinnen, und damit werden Sie mit Sicherheit die Aufmerksamkeit Ihres CFO erregen. So sollte es auch sein. Er wird die üblichen finanziellen Fragen zur Rendite stellen: Wie lange dauert es? Wie viel kostet es? Was genau erhalten wir für unser Geld?

An sich sind diese Fragen auch keineswegs verkehrt, aber die Messzahlen, mit denen der CFO sie in der Regel beantworten will, sind problematisch. Warum? Die Einstellung eines CFO ist traditionell mit dem Prozess des Wasserfallmodells und mit dem Portfoliomodell verknüpft, wie sie in Kapitel 5 beschrieben wurden. Das bedeutet, dass er die Entwicklung von Software und den Einsatz von Technologie so beurteilt, als bauten Sie ein großes Haus. Normalerweise können Sie erst einziehen und einen Wohnsitz anmelden, wenn das ganze Haus fertig ist.

Wenn Sie aber wie ein Architekt die Teile eines guten Systems planen und bauen und wenn die IT-Leute mit allen anderen Mitarbeitern im Unternehmen gut zusammenarbeiten, um die wirtschaftlichen Ziele zu erreichen, dann sollten Sie die Teile auch eines nach dem anderen in Betrieb nehmen können – so, als würden Sie im Haus einen Raum nach dem anderen fertigstellen und sofort bewohnen.

Der CFO betrachtet Kapitalinvestitionen jedoch in der Regel ganz anders und stellt daher auch »unpassende« Fragen. Vor allem will er gleich zu Beginn den gesamten Plan erfahren. Im traditionellen Entwicklungsprozess steht der Plan aber meist erst fest, nachdem 20 bis 30 Prozent der Projektkosten bereits angefallen sind. Organisationen setzen dafür oft entweder Mittel zur Anschubfinanzierung ein oder umgehen das Budget, damit sie überhaupt an einen Punkt gelangen, an dem sie einen für den CFO akzeptablen Plan vorlegen können. Das alles zementiert dann das Wasserfallmodell, weil ein Projekt, dessen Vorbereitungen bereits im Gange sind und für das bereits Geld ausgegeben wurde, den Portfoliomanagementprozess in der Regel übersteht.

Wenn Sie das Wasserfallmodell und das Portfoliomanagement abschaffen wollen, müssen Sie auch Investitionen und ihre möglichen Renditen anders messen. Andernfalls werden die Antworten den CFO kaum befriedigen und Ihr Projekt bleibt stecken.

Der Knackpunkt ist die Veränderung der Perspektive des CFO. Er darf nicht mehr alle Fakten im Voraus verlangen, sondern muss einsehen, dass bei Technologieinvestitionen anfangs nur die richtige Richtung festgelegt werden muss. Die Überwachung erfolgt dann durch Feedbackschleifen und die Prüfung der Zwischenergebnisse. Mit anderen Worten: Die finanzielle Seite muss zwar nachvollziehbar bleiben, aber er muss zulassen, dass die Mitarbeiter einige der Zimmer bereits bewohnen, bevor das ganze Haus fertig ist, und dass sie dabei sogar manche Räume bereits wieder renovieren.

Es ist möglich, aber es müssen viele Teile der Organisation zusammenarbeiten, um den CFO von dieser neuen Perspektive zu überzeugen. Was muss der CFO tun? Er muss sich von dem gegenwärtigen Entscheidungsmodell für Technologieinvestitionen, das genaue Pläne verlangt, weg und hin zu einem neuen Modell bewegen, das in mehreren Schleifen läuft und stärker auf Erfahrung gründet – und zwar immer dann, wenn es sinnvoll ist. Wichtig sind regelmäßige, genaue Inspektionen statt ausführlicher Planung. Außerdem muss der CFO akzeptieren, dass Entwicklungsprojekte oft schnell gestartet werden müssen. Dafür gibt es dann Methoden, mit denen sich der echte Nutzen eines Projekts abschätzen lässt, bevor es endgültig zu Ende geführt wird. Das bedeutet auch eine neue Einstellung gegenüber Mindestrenditen und der Berechnung der Investitionsrendite sowie eine Kultur, die bereit ist, gewisse Risiken einzugehen, aber auch nicht funktionierende Initiativen schnell wieder zu beenden.

Ein radikales Vorbild für diese Herangehensweise ist Janette Sadik-Khan, Mitglied in der Kommission der New Yorker Verkehrsbehörde und davor Senior Vice President im Ingenieurbüro Parsons Brinckerhoff. Sie arbeitet derzeit in der Stadt- und Straßenplanung. In einem Artikel für *Bloomberg Businessweek* beschrieb Sadik-Khan den empirischen, experimentellen Ansatz, der hier befürwortet wird.

»Eine unserer besten Innovationen ist die Fähigkeit, schnell zu handeln. Ein normales, großes Bauprogramm dauert in der Regel fünf Jahre, aber wir können heute Straßen in der Stadt praktisch über Nacht verändern. Man kann die Stadt, die man haben will, wortwörtlich malen, und zwar einfach mit zwei Verkehrsleitkegeln, einer Dose Farbe und Pflanztrögen aus Stein. Und wir können schon Ergebnisse vorweisen.«[10]

Stellen Sie sich vor, wie es wäre, wenn Sie so etwas mit den Systemen für die bereits in den Startlöchern stehende Generation D tun könnten.

Es *ist* möglich. Häufige interne Kontrollen verschaffen Ihnen und Ihrem CFO die Sicherheit, dass ein Entwicklungsprojekt entweder gute Ergebnisse bringt oder gestoppt wird, bevor es zu weit fortschreitet. Es bedeutet natürlich einen großen Unterschied, wenn die Technologie, die gerade entwickelt wird, vor allem anderen der Optimierung der Kundenerfahrung und der intelligenten Automatisierung der Betriebsabläufe dient. Und wenn sich der CFO zu der agilen Unternehmenstechnologie bekehren ließ, wird dies sehr viel leichter gehen.

An dieser Front gibt es immer mehr gute Neuigkeiten. CFOs werden sogar immer häufiger zu Vordenkern in den Organisationen. Der Trend wird dadurch verstärkt, dass nicht mehr nur Buchhalter der alten Schule und Controller zu CFOs ernannt werden, sondern immer mehr auch Mitarbeiter aus Kundenabteilungen. Es gibt heute mehr Unternehmen denn je, deren CFOs Operations-Erfahrung vorweisen können.

Diese CFOs haben ganz andere Fähigkeiten, mit denen sie womöglich gar den Beginn des Systementwicklungszyklus verändern können. Und das ist an dieser Stelle vielleicht ein wichtigerer Beitrag als alles, was der Chief Information Officer allein erreichen könnte.

Denken Sie jedoch immer daran, dass alle Aktionen, die in diesem Kapitel beschrieben wurden, Teil einer *allumfassenden* revolutionären Veränderung Ihres Unternehmens und Ihrer Einstellung zu Kunden sind. Keiner dieser Schritte lässt sich von den anderen trennen. »Die Neuerfindung Ihres Unternehmens erschöpft sich nicht in einer Auffrischung mit hauptsächlich kosmetischer Veränderung. Es geht nicht nur darum, das Marketing mit besseren digitalen Fähigkeiten auszustatten oder Ihre Markteinführungsmethoden so zu verändern, dass sie billigere interaktive Kanäle nutzen, und auch nicht nur um die Schaffung neuer Ingenieurbereiche, die Produkte in Zusammenarbeit mit einflussreichen Kunden enwickeln.«[11]

Das, was all diese revolutionären Veränderungen möglich machen kann, ist das Thema unseres abschließenden Kapitels.

7
SIE SIND IHRE SOFTWARE –
DER DIGITALE IMPERATIV

Im ersten Kapitel dieses Buches wurden mehrere Fragen aufgeworfen:

- Ist Ihr Unternehmen auf die demografischen Fakten vorbereitet, die durch neues digitales Denken und neue Technologien verursacht werden und die wie ein ungebremster Zug auf Sie zurasen?
- Ist Ihr Unternehmen auf die Zukunft mit der Generation D vorbereitet oder steuert es direkt auf eine Notversorgung durch lebenserhaltende Systeme zu?
- Sind Sie bereit, Ihre Einstellung gegenüber Kunden und der Einbeziehung von Kunden zu verändern, damit Ihr Unternehmen fortbestehen kann?
- Werden Sie sich dafür einsetzen, dass alles Notwendige getan wird, damit die Kunden Ihr Unternehmen nicht hassen und einige von ihnen sogar versuchen, es auszulöschen?

In den Beispielen mit Prudential, American Express, OCBC und anderen Firmen haben Sie an einigen kleinen und manchen sehr großen Teilstücken gesehen, mit welchen Veränderungen sich Unternehmen auf die Generation D vorbereiten. Die Beispiele illustrieren die wichtigen Voraussetzungen, die Sie erfüllen müssen, um überhaupt am Leben bleiben zu können: eine grundsätzliche Neuorientierung in Ihrer Einstellung gegenüber der unterstützenden Rolle der Technologie zusammen mit der 1080-HD-Kundenansicht, die aus der Kombination aus Daten, Absichten und Kundenprozessen entsteht.

Die Unternehmen, über die Sie gelesen haben, lassen die Technologieentwicklung von den unternehmerischen Gesichtspunkten leiten. Sie geben den Mitarbeitern, die mit Kunden zu tun haben, mehr Verantwortung und positionieren die Technologie so, dass sie den Interessen der Kunden dient. Keines der Unternehmen hat bisher zur Vorbereitung auf die Kunden der Generation D alle Aspekte seiner Aktivitäten vollständig umgewandelt, aber dennoch sind sie alle wahrscheinlich Ihrem Unternehmen weit voraus.

In Kapitel 3 erfuhren Sie von dem neuen Kontoeröffnungsprozess bei der OCBC, der von der Absicht getrieben ist, die Kunden zu engagieren. So vorbildlich er auch sein mag – aus der Sicht der Generation D ist er immer noch »alte Schule«. Aber die OCBC hat die Generation D, die entlang der Schienen auf sie zurast, fest im Blick, und daher hat sie inzwischen FRANK eingeführt.

Bedenken Sie: Die OCBC ist keine neu gegründete und daher an sich schon »coole« Bank, sondern eine Finanzinstitution, die 200 Milliarden Dollar wert ist und bereits über ein Viertel des gesamten Markts der jungen Generation in Singapur kontrolliert. Doch das Unternehmen hat es sich zum Ziel gesetzt, auch die Kunden der Generation D für sich zu gewinnen, und dazu führt es seine Geschäfte so, dass es nicht wie Marketing aussieht, und lässt sich stattdessen von den Kunden *entdecken*.

Die Bezeichnung FRANK leitet sich von dem englischen Ausdruck *frankly speaking* (»offen sprechen«) ab. OCBC will damit zeigen, dass sie weiß, dass die Kunden der Generation D Ehrlichkeit, Transparenz und Offenheit erwarten. Die FRANK-Ladengeschäfte – und es sind tatsächlich Ladengeschäfte und ganz und gar nicht das, was Sie normalerweise unter einer Bankfiliale verstehen würden – wurden anscheinend den Apple Stores nachempfunden. Junge Leute finden diese Läden, die in Einkaufszentren stationiert sind, wo die Generation D häufig anzutreffen ist, sehr attraktiv. Das Design soll bewirken, dass die Kunden dort gern herumstöbern, Dinge berühren und Fragen stellen. Ja, auch berühren – so, als würden sie Kleidung oder irgendwelche neuen Geräte kaufen.

Die FRANK-Website sieht aus wie die von Virgin Mobile, einem Mobilfunkanbieter, der die Zielgruppe junger Kunden bedient. Alles, was nach Unternehmen und Geschäftstätigkeit aussieht, wurde jedoch auf das Notwendigste beschränkt.[1] Die Bank entschied sich bewusst dafür, alles Überflüssige wegzulassen. Es gibt beispielsweise nicht einmal einen Link zu einer »Über uns«-Seite, der sonst überall zu finden ist. Es wird nur eine minimale Anzahl von Produkten angezeigt, aber dafür wird auf Cross-Promotion gesetzt. Wenn Sie ein Angebot für ein Studiendarlehen anfordern, erhalten Sie einen Geschenkgutschein fürs Kino. Wenn Sie ein Konto eröffnen, erhalten Sie eine Laptophülle. Wenn Sie vier Freunde überzeugen können, Produkte von FRANK in Anspruch zu nehmen, können Sie zu fünft für 50 Dollar bei Ben & Jerry's zum Eis essen gehen.

Die OCBC bietet FRANK-Kunden, die ein Sparkonto eröffnen, Zinsen über dem üblichen Niveau. Darüber hinaus wird die Loyalität durch eine »Sparförderung« gefestigt, die es den Kunden erlaubt, sozusagen als »Spardosen« Unterkonten einzurichten, denen sie eigene Namen geben und auf die sie Kleinbeträge übertragen können wie in eine Spardose zu Hause. Dieses Geld lässt sich dann nicht einfach am Bankautomaten abheben.

Auch andere Banken nutzen digitale Technologien auf einzigartige Weise, um den Kunden bessere Erfahrungen zu verschaffen. Allerdings scheint mir jetzt im Moment, während ich dieses Buch verfasse, die OCBC-Bank am besten auf die Kunden der Generation D vorbereitet zu sein. Die Commonwealth Bank of Australia hat beispielsweise eine Smartphone-App entwickelt, die »die Immobiliensuche verändert. Ein Interessent, der ein Haus sucht, fotografiert zunächst das zum Verkauf stehende Haus, das für ihn infrage käme. Mithilfe von Bilderkennungssoftware und Standortsuche identifiziert die App das Haus und teilt ihm den Preis, Gebühren, Steuern und andere Informationen mit. Anschließend verbindet sie sich mit den persönlichen Finanzdaten des Benutzers und stellt fest (mithilfe von Verbindungen zu Datenbanken von Kreditgebern), ob der Käufer Chancen hat, den erforderlichen Kredit zu bekommen (und wenn ja, in welcher Höhe). Diese beinahe augenblicklich stattfindende Folge von Interaktionen macht die umständliche Suche auf den Websites von Immobilienmaklern sowie die anschließende Kontaktaufnahme und die Vorverhandlungen mit selbigen Maklern und mit Kreditgebern zur Finanzierung unnötig und erspart so Wochen.«[2]

Sie können sicher sein, dass die Anwender dieser App auf ihren Smartphones nicht ständig von Werbeanzeigen von Immobilienmaklern belästigt werden. Und bei der heute allgegenwärtigen digitalen Technologie ist es in Zukunft, wenn die heutige Generation D so weit ist, dass sie Häuser kaufen möchte, vielleicht bereits möglich, dass man auch Häuser fotografiert, die gar nicht zum Verkauf stehen, und das System findet dann ein möglichst ähnliches Haus. Das wäre wirklich nahtlos!

Die wichtigsten Überlebensregeln

Wie erreichte die OCBC den Punkt, an dem sie die Gleise vollständig einsehen und sich auf das Eintreffen des Zuges vorbereiten konnte? Die Bank befreite ihre Organisation, wie es in Kapitel 6 beschrieben wurde, und sie gestaltete die Arbeitsbeziehung zwischen der IT und den übrigen Mitarbeitern in der Organisation um. Außerdem setzt sie die Technologie auf neue Weise ein. Zerlegt man den neuen Ansatz in einzelne Bestandteile, zeigen sich die folgenden Grundprinzipien, die all das ermöglichen, worüber Sie bisher in diesem Buch gelesen haben:
1. Demokratisieren Sie die Technologie.
2. Denken Sie in Schichten.
3. Setzen Sie Analysetools ein, damit Sie sich laufend verbessern können.

Jedes dieser Prinzipien hat sowohl eine unternehmerische als auch eine technologische Komponente. Grundsätzlich dreht sich aber alles darum, dass die Technologie eingesetzt werden muss, um die anderen Bereiche des Unternehmens zu unterstützen und den Mitarbeitern bessere Werkzeuge an die Hand zu geben. Die Technologie steht im Zentrum – sie entscheidet, ob Sie sowohl auf die Bedrohung als auch auf die Chance reagieren können, die die Generation D darstellt.

Demokratisieren Sie die Technologie

Als die Menschen die ersten Dokumente erstellten, mussten sie sie noch in Stein meißeln. Später entwickelten sie Pergament und Papier. Der einsame Prozess wandelte sich, als Gruppen von Schreibkundigen gemeinsam umfangreiche Werke, in der Regel religiöser Natur, schufen. Dann kam die Druckerpresse als neue, revolutionäre Technologie, die die Herstellung und Verbreitung von Schriftstücken demokratisierte, weil jeder nun seine handgeschriebenen Blätter einem Drucker übergeben konnte, der sie massenhaft vervielfältigte.

Viel später wurde mit der Schreibmaschine eine noch weitergehende Demokratisierung erreicht. Einzelne Schriftsteller nutzten die neue Technologie und Unternehmen stellten zahlreiche Schreibkräfte ein. Ganze Stockwerke wurden mit hauptsächlich weiblichen Arbeitskräften besetzt, die die handschriftlichen Notizen der Männer abschrieben oder Aufzeichnungen vom Diktiergerät in Dokumente verwandelten.

Als der Vervielfältigungsapparat erfunden wurde, konnten Einzelpersonen Kopien ihrer Dokumente erzeugen, ohne einen ausgebildeten Drucker zu beauftragen. Dies brachte erneut einen Schub vorwärts im Demokratiespektrum. Und als die Wang Laboratories dann spezielle Textverarbeitungscomputer perfektionierten, erhielten die vielen Schreibkräfte ein neues, mächtiges Technologiewerkzeug.

Der nächste Schritt in der Demokratisierung war der PC. Er setzte Menschen auf allen Ebenen direkt an die »Schalthebel der Macht« und machte Schreibkräfte überflüssig. Und mit den heutigen Tablets, die sich gerade überall verbreiten, halten Sie den gesamten digitalen Lebenszyklus der Dokumenterstellung von der Idee über das Verfassen, die Spezialisierung, den Konsum bis hin zum Feedback in einer Hand.

Die Informationstechnologie hat das Schreiben und Publizieren inzwischen eingeholt. Sie ermöglicht heute veränderte Beziehungen zwischen IT und den übrigen Abteilungen in Unternehmen und tritt eine neue Automatisierungswelle los. Nicht nur der Zugriff auf die Technologie ist dadurch demokratischer, sondern auch die Kontrolle, Verantwortlichkeit und Rechenschaftspflicht. Sie wird den spezialisierten Gurus und Experten mit ihren geheimnisvollen und schwer durchschaubaren Fähigkeiten langsam entzogen und geht über auf alle Unternehmensmitarbeiter, die nun mitten in ihrem eigenen, angestammten Fachbereich mit der Technologie arbeiten und deren Einsatz mit ihrer eigenen Sprache und ihren Wirtschaftsmetaphern steuern können. Es ist eine vollständige Transformation: Die Verwendung und Weiterentwicklung der Technologie wird nicht mehr von der IT bestimmt, sondern von allen Unternehmensmitarbeitern.

Einfach ausgedrückt bedeutet dies, dass Sie – die Person auf der wirtschaftlichen Seite des Unternehmens – einfache, aber wichtige Änderungen im System nicht mehr bei einem technischen Magier beantragen müssen, beispielsweise wenn es nur darum geht, ein System anwenderfreundlicher zu machen. Die typischen Softwareingenieure meinen ja oft, dass die Anordnung der Felder in einem Fenster nicht in ihren Aufgabenbereich fällt. Sie interessieren sich nicht sonderlich dafür, dass Sie sehr viel klicken müssen oder dass andere lästige Details Ihnen das Leben erschweren, aber für Sie ist das entscheidend wichtig. Die Demokratisierung sorgt nun dafür, dass sich die Zauberer nur noch in besonderen Fällen einschalten müssen, sodass sie sich auf die Dinge konzentrieren können, mit denen sie den meisten Wert erzeugen. Sie können dann technisch komplexe Schnittstellen implementieren oder die besten Systeme für Analysen und das Transaktionsmanagement einrichten. So entsteht eine Situation, wie sie bei der Textverarbeitung bereits erreicht ist: Die Mitarbeiter können fast alles selbst regeln, und die Zauberer – in diesem Fall professionelle Designer und kreative Dokumentenexperten – werden nur für besondere Dienste gebraucht.

Durch die Demokratisierung des Umgangs mit Technologie verschiebt sich die Machtbasis im Unternehmen gewaltig. Die Sprache der Technik weicht der Wirtschaftssprache, und die Befreiung der Organisation wird eingeleitet. Die Mitarbeiter brauchen keine Mittler mehr, die ihre Bedürfnisse in die Sprache der Techniker übersetzen. Mit den heutigen, leistungsfähigen Computern brauchen sie keine Maschinensprache mehr zu verstehen. Sie können in zwar strukturierter, aber leicht verständlicher Sprache wirtschaftliche Konzepte direkt verwenden. Und wenn sich die Computer mit Wirtschaftssprache programmieren lassen, können die Unternehmensmitarbeiter diese Aufgabe selbst erledigen, ohne die Verzögerungen, die Undurchsichtigkeit und die Missverständnisse, die bei Übersetzungen immer wieder auftreten.

Vom Standpunkt der Effektivität und Effizienz ist dies sehr sinnvoll. Ein Vorteil der Demokratisierung ist auch, dass die Arbeitsleistung meist am höchsten ist, wenn Sie genau den Menschen, denen am meisten an einer Sache liegt, die Möglichkeit geben, sich selbst darum zu kümmern. Überlassen Sie die komplexen technischen Aspekte, wie beispielsweise komplizierte Systemschnittstellen, den Technologiespezialisten, und übergeben Sie den Löwenanteil der Aufgaben und der Kontrolle den übrigen Mitarbeitern. Auf diese Weise wird die Implementierung und die laufende Verbesserung der Technologielösungen sowohl beschleunigt als auch verbessert.

Denken Sie in Schichten

Wenn Sie den Spieß umgedreht und Ihren Mitarbeitern die Verantwortung für die Entwicklung der Technologie übertragen haben, können sie selbst Lösungen aufbauen, die den wahren Bedürfnissen der Kunden wesentlich wahrscheinlicher entsprechen. Die Technologiespezialisten, die sich bisher um Ihre

Systeme kümmerten, sind von ihren Werkzeugen zur Erstellung flacher Systeme verdammt. Weil diese Systeme von den in Kapitel 5 beschriebenen rigorosen Computer- und Programmiersprachen in ein Korsett gezwängt werden, leben sie in einer rein zweidimensionalen Welt. Sie werden in der Regel ja auch durch Flowcharts auf zweidimensionalen Flächen dargestellt, und alle Wahlmöglichkeiten beschränken sich auf »if-then-else«-Zweige in dem flachen Diagramm.

Ihr Unternehmen hat aber mehr Logik und Auswahlmöglichkeiten, als sich auf diese Weise einfangen lassen. Es hat zahlreiche verschiedene Aspekte und Dimensionen. Probleme, Entscheidungen, Themen, Prozesse und Kunden – sie alle sind mehrdimensional. Und Ihre gerade heranwachsenden Kunden der Generation D werden so viele komplexe Situations-, Umgebungs- und Kontextschichten haben, wie wir sie uns heute noch gar nicht vorstellen können.

Lässt man alle Industriezweige Revue passieren, kristallisiert sich heraus, dass sich beinahe alle Unterschiede innerhalb eines Unternehmens in ein relativ gleichbleibendes Set von Dimensionen einordnen lassen. Diese lauten *Kunden, Produkte* und *Einflussbereiche.* Kunden wiederum gibt es in verschiedenen Typen, Produkte in unterschiedlichen Kategorien, und Einflussbereiche – entweder im geografischen Sinn oder in Form von Kanälen – bedeuten alle möglichen Einschränkungen, von Gesetzen, Regeln und Regulierungen bis hin zu kulturellen Unterschieden bei der Geschäftsabwicklung und beim Umgang mit Kunden.

Dies führt uns zu unserem zweiten Grundprinzip, dem Denken in Schichten, wie bei einem Schichtkuchen. Vor allem anderen ist es dazu notwendig, dass Ihre Technologie in allen drei Dimensionen so funktioniert, wie es den vielfältigen Facetten Ihrer Kunden entspricht. Die drei Dimensionen umfassen nicht nur eine Vielzahl unterschiedlicher Kunden, sondern ebenso vielfältige Produkte und Einflussbereiche. Wenn Sie nicht in Schichten wie bei einem Schichtkuchen denken, wird die Kundenerfahrung am Telefon spürbar von der Erfahrung im Internet abweichen und so weiter. Die Kunden der Generation C registrieren dies und die Kunden der Generation D werden es auf keinen Fall akzeptieren.

Ihre gegenwärtigen flachen, binären, »if-then«-Systeme stellen Sie vor einige sehr schlechte Alternativen, wenn Sie versuchen, in der reichhaltigen, mehrdimensionalen Welt Ihrer Kunden zu denken. Das Wort »schlecht« drückt den wahren Sachverhalt noch nicht einmal annähernd aus: Die Alternativen sind *grauenhaft*.

Stellen Sie sich vor, Sie sind eine Bank mit einem System, das in Nordamerika Kreditverträge erstellen kann. Dort gibt es spezielle Gesetze und Regulierungen, Kundentypen und auch Unternehmensabsichten, die nur für diesen Teil der Welt gelten. Nun expandieren Sie nach Großbritannien und wollen dort dasselbe System verwenden. Doch halt! Das System hat alle möglichen manuellen Vernetzungen mit den spezifisch nordamerikanischen Kriterien. Wenn Sie also das System anpassen wollen, müssen Sie über 500 Systemmodule prüfen und die rund 35 von ihnen identifizieren, die auf irgendeine Weise verändert werden müssen.

Hier ist Ihre erste grauenhafte Möglichkeit: Sie können jedes einzelne dieser Module komplexer gestalten, sodass sie alle für Nordamerika und Großbritannien funktionieren. Dazu erstellen Sie neue Programmzweige mit »if-then-else«-Konstruktionen. So entsteht eine ständig wachsende, unübersichtliche Masse aus vielen kleinen, eingebetteten Systementscheidungen, mit denen jeweils effektiv zwischen Nordamerika und Großbritannien unterschieden wird.

Sie erschaffen ein Monster. Die Unterschiede zwischen Nordamerika und Großbritannien sind nun in 35 Modulen begraben. Was geschieht, wenn Ihre Bank daraufhin nach Spanien und Portugal expandiert? Die Bedingungen werden immer komplexer, bis Sie an einen Punkt gelangen, wo jede weitere Änderung zur Gefahr wird. Es kann beispielsweise so weit kommen, dass erneute Änderungen – wenn Sie so erfolgreich sind, dass Sie noch nach Brasilien expandieren – dazu führen, dass Ihr System für Großbritannien nicht mehr funktioniert. Das kommt daher, dass alles mit allem in einer grauenhaften Folge von Entscheidungen verknüpft ist, die unsichtbar in den Programmen verborgen liegen und von außen betrachtet keinerlei Sinn mehr ergeben.

Die zweite, sogar noch grauenhaftere Alternative ist, dass Sie die ursprünglichen 35 Module kopieren und dann in den einzelnen Kopien all das einfügen oder löschen, was Sie brauchen, damit das System für Großbritannien funktioniert. Der Vorteil ist, dass nun beide Länder genau das haben, was sie brauchen. Die Programme enthalten nichts Überflüssiges und nichts muss zusätzlich verarbeitet werden, aber dafür wird auch nichts gemeinsam genutzt. Zudem liegen die Unterschiede auch hier über 35 Module verstreut vor. Sie haben zwei Versionen des zugrunde liegenden Programms, die höchstens fünf Prozent verschiedenen Code enthalten. Was geschieht, wenn Sie weiter expandieren – wenn Sie diese Prozedur womöglich noch siebenmal durchgeführt haben? Vielleicht müssen jedes Mal andere Teile des Programmcodes verändert werden. Finden Sie immer wirklich alles, was angepasst werden muss? Ganz zu schweigen davon, dass Sie die übrigen 95 Prozent in jeder Version des Systems testen müssen, damit Sie sicher sind, dass die Änderungen keine neuen Probleme verursachen. Und wenn irgendwann doch etwas Grundsätzliches geändert werden muss, müssen Sie diese gemeinsame Eigenschaft in alle sieben Kopien an genau der richtigen Position einfügen – ein teures und riskantes Unterfangen.

In beiden Fällen stehen Sie am Ende mit einem massiven, chaotischen System da, das sich kaum aufrechterhalten lässt. Sie haben sogar mehrere chaotische Systeme, nämlich die verschiedenen »Versionen«. Sie wollen wissen, was genau die Verarbeitung in Deutschland von allen anderen unterscheidet? Vergessen Sie's. Sie müssten riesige Mengen an Ressourcen einsetzen, um all die unglaublich verwickelten Module zu durchsuchen.

Beide Alternativen ergeben Zombie-Systeme. In solchen Fällen hört man sowohl die IT-Leute als auch die anderen Mitarbeiter im Unternehmen häufig sagen, dass sie gar nicht genau wissen, was die Systeme eigentlich tun. Solche Zombie-Systeme fördern die Einrichtung von manuellen Systemen und den allgemeinen abtrünnigen Systemen, weil die Mitarbeiter im Unternehmen ihre Arbeit irgendwie erledigen müssen.

Die Möglichkeit, die Sie in solchen Fällen unbedingt ergreifen müssen, ist das Schichtkuchen-ähnliche Denken in Schichten. Legen Sie fest, was allen Bereichen gemeinsam ist und wo die Unterschiede liegen. Wie viele Schichten mit Unterschieden gibt es? Sagen Sie dem Computer auf möglichst einfache Weise, was Sie herausgefunden haben. Der moderne Computer, der diese Aufgabe hervorragend für Sie erledigen kann, stellt Ihnen daraufhin genau die richtigen multidimensionalen Werkzeuge zur Verfügung. Das Denken in übereinanderliegenden Schichten wie bei einem Schichtkuchen ermöglicht die wirklichkeitsgetreue Personalisierung jedes Kundenengagements, denn es respektiert den Kontext jedes einzelnen Kunden und jeder Interaktion und erkennt, was gleich ist und was nicht. Wenn Sie der Generation D das Gefühl der Entdeckung vermitteln wollen, nach dem sie sich so sehr sehnt, dann müssen Sie dieses Niveau der Personalisierung erreichen.

Sobald Sie die Zwänge der herkömmlichen Programmiersprachen hinter sich gelassen und den Umgang mit der Technologie demokratisiert haben, wird es wesentlich leichter, in Schichtkuchen-ähnlichen Schichten zu denken. Die verschiedenen Schichten in Ihrem System machen die grauenhaften Entscheidungen überflüssig. Die Mitarbeiter können dann einfach angeben, was in Großbritannien anders ist als in Nordamerika, und der Computer erledigt alles Übrige. Auf diese Weise können die Mitarbeiter für jeden einzelnen Kunden einfache Anpassungen vornehmen, ebenso wie für jede Kundenklasse, für bestimmte Produkte, ein bestimmtes geografisches Gebiet, einzelne Kanäle ... alles, was Sie wollen.

Die heutigen Computer erledigen den gesamten Rest selbst. Sie können durchaus ihren eigenen Code schreiben, der auf fortschrittlicheren Metaphern beruht und sowohl die Unternehmensabsicht als auch die Unternehmensprozesse integriert. Die Software versteht inzwischen, was die Mitarbeiter in ihrer Sprache zu sagen haben, und sie kann es direkt vom Modell in ein tatsächliches, voll funktions- und einsatzfähiges System umwandeln. Sie umgehen die frühere Praxis des Programmierens und konzentrieren sich stattdessen direkt auf das, was die Mitarbeiter brauchen.

Eine hilfreiche, wenn auch sehr simplifizierte visuelle Darstellung dieses einem Schichtkuchen ähnlichen Ansatzes kommt aus der Welt der digitalen Medien. Hier erstellen die Designer mithilfe übereinander angeordneter Schichten verschiedene Versionen von Bildern und Filmen. Die Designer wählen aus, was einzigartig und spezifisch ist, ohne das Erbe der übergeordneten Elternebenen aufzugeben. Einzelne Schichten innerhalb eines Kunstwerks lassen sich aktivieren und deaktivieren, sodass für verschiedene Zwecke unterschiedliche Ergebnisse erzielt werden. Die heutigen digitalen Künstler müssen nicht, wie die heutigen Softwareprogrammierer, mehrere »verzweigte« Versionen einer Datei erstellen. Sie sind nicht gezwungen, alle Versionen manuell immer wieder von Anfang an neu zu erschaffen.

In dem folgenden Beispiel von Adobe Photoshop hat der Designer die Augen-Symbole links neben den Bronze-Kunden sowie neben den Ebenen für die USA und Großbritannien deaktiviert, sodass diese in der daraufhin angezeigten Ansicht nicht enthalten sein werden. Es werden dann nur die Elemente angezeigt, die er für seine momentanen Zwecke braucht, also die Gold-Kunden in Kanada. Alle Unternehmenssysteme sollten so einfach funktionieren.

Leider ist das Schichtkuchen-ähnliche Denken in der Computerlandschaft insgesamt noch kaum verbreitet. Mit den Schatten-IT-Organisationen wird es nicht gefördert, und auch wenn Sie in die Cloud gehen, kommt es nicht von selbst. Unternehmen, die die Cloud nutzen, sind weiterhin von den IT-Mitarbeitern abhängig, wenn sie die Lösungen an sich verändern wollen. Dort muss *immer noch* jemand Programme schreiben, wenn die Systemlogik an neue Produkte, Abläufe, Regulationen und neues

Kundenverhalten angepasst werden muss. Code bedeutet jedoch die Erhaltung des *Status quo*, und das wiederum bedeutet, dass der Code effizienten Geschäftsabläufen im Wege steht.

Die gute Nachricht lautet, dass die Programmierung schlicht und einfach nicht mehr notwendig ist. Die Mitarbeiter können heute ihre Prozesse bildlich darstellen, in übereinander angeordneten Schichten denken, ihre Ziele festsetzen und dem Computer abschließend und unzweideutig mitteilen, wie das richtige Ergebnis auszusehen hat. Dann können sie es dem Computer überlassen, den Code zu schreiben (und, wenn nötig, auch öfter umzuschreiben).

Setzen Sie Analyse-Tools ein, um sich laufend zu verbessern

Sobald Sie das Denken in den Schichten eines Schichtkuchens einmal verinnerlicht haben und das System entsprechend arbeitet, können Sie den Mitarbeitern ein weiteres Werkzeug an die Hand geben, das ihre Eigenverantwortung stärkt und die HD-Ansicht der Kunden laufend verfeinert. Es ist ein entscheidendes Element in der Vorbereitung auf die nahende Kunden-Apokalypse durch die Generation D. Durch Analysen können Sie die Festlegung der Dimensionen bestätigen oder ergänzen und vielschichtiger gestalten. Sie erfüllen Ihr mehrdimensionales Denken mit Absichten und Reaktionsfähigkeit. Analysen sagen Ihnen, ob Sie die richtigen Dimensionen für die richtigen Kunden identifiziert haben, und Sie gewinnen zusätzlich Erkenntnisse.

In Kapitel 3 wurde die *Next-Best-Action* beschrieben, bei der mithilfe von hoch komplexen Analysemethoden unter Millionen von Kunden nach Trends und Mustern gesucht wird. Anhand solcher dynamischer Analysen können Sie die Bedürfnisse, Entscheidungen und Vorlieben von Kunden erspüren und ihr Verhalten vorausahnen. Außerdem bilden sie den Kern des dritten Grundprinzips zum Aufbau eines Systems, das wahrhaft für das Unternehmen arbeitet.

Dynamische Analysewerkzeuge sind die Voraussetzung für eine echte Fokussierung auf die Kunden. Während einer Interaktion verändern die Daten, die Sie oder der Kunde liefern, die Ergebnisse des zugrunde liegenden Vorhersagemodells dynamisch. Stellen Sie sich vor, dass ein Finanzinstitut während des Gesprächs mit einem Kunden erfährt, dass dieser von einem entfernten Verwandten gerade 500 000 Dollar geerbt hat. Das würde zum Einen die Risikobewertung des Kunden dramatisch beeinflussen und zum Anderen auch die Behandlung des Kunden – die ab dem Zeitpunkt hoffentlich sehr respektvoll wird. Das System passt sich an, sodass dem Kunden jeweils andere Entscheidungsmöglichkeiten angeboten werden – je nachdem, was das Institut bereits im Vorfeld als geeignet für das veränderte Kundenprofil festgelegt hat. Mit anderen Worten machen solche dynamischen Analysen es erst möglich, dass die 360 Grad der Absicht in die Gleichung mit einfließen.

Es sind jedoch nicht allein die eingehenden Daten, die hier eine Rolle spielen: Auch der Weg, den ein Kunde durch das System nimmt, liefert Aufschluss über die Stärke seines Interesses. Dies gilt für geführte Interaktionen (beispielsweise in einem Kontaktzentrum) ebenso wie für die Analyse der Abfolge der Seiten auf einer Website, die ein Selbstbedienungskunde nacheinander anklickt.

Menschen passen sich ständig in Echtzeit an andere Menschen an. Dies ist das Wesen menschlicher Interaktionen, bei denen die Informationen zwischen mehreren Personen hin und her fließen. Warum sollte es die Technologie nicht genauso machen?

Rob Walker, derselbe Kollege, der auch schon die Baseball-Analogie in Kapitel 3 erfand, stellte sich auch vor, wie es wäre, wenn dynamische, analytische Vorhersagemodelle auf Daten aus dem Gesundheitssystem angewandt würden. Im Folgenden sehen Sie nur einige seiner Beispiele für die Nützlichkeit solcher Analysen in dem Bereich. Anschließend sollten Sie dann darüber nachdenken, wie effizient und effektiv Sie mit diesen Methoden zu echter Unternehmenstechnologie gelangen würden. Rob Walker schlägt vor, die Dauer von Operationen vorherzusagen, und ebenso mögliche prä- und postoperative Komplikationen, die Abstoßung von transplantierten Organen, Komplikationen bei Neugeborenen und so weiter. Bei der Vorhersage postoperativer Herzrhythmusstörungen würde das Analysetool angeben, welche Medikamente wann und in welchen Mengen verabreicht werden sollten, um die Wahrscheinlichkeit der Störungen zu verringern. Er zeigte außerdem, dass die Planung von Operationen entsprechend der vorhergesagten Dauer die Auslastung der Operationssäle um mindestens 14 Prozent verbessern würde. Dies bedeutet für ein durchschnittliches Krankenhaus Mehreinnahmen von mehreren Millionen Dollar pro Jahr und für die Patienten Tausende verbesserte Ergebnisse.

Auch Karen Larrimer, Chief Marketing Officer der PNC-Bank, erklärt: »Analysen sind reine Wissenschaft. Wir können heute mithilfe der Wissenschaft ungeheuer viel erreichen … Aber wenn Sie die Wissenschaft *in puncto* Kundenerfahrung nicht genau auf die richtige Weise mit Kunst verbinden, ist das Ergebnis lange nicht so hilfreich. Daten sind extrem wichtig und sie stecken im Kern aller unserer Aktionen. Aber es geht nicht wirklich um die Daten, sondern um die Erkenntnisse, die wir aus ihnen gewinnen können. Big Data sind nutzlos, wenn aus ihnen keine Schlüsse gezogen werden.«[3]

Im Wesentlichen geht es bei diesem Prinzip, das echter Unternehmenstechnologie zugrunde liegt, darum, über Annahmen und Durchschnittswerte hinauszugelangen und auf der Basis von höherer Wissenschaft ein noch viel klareres Bild des Kunden zu erhalten. Es geht darum, anpassungsfähige Systeme stärker zu nutzen: Sie müssen die Analysen, die Sie aus Daten und

Ergebnissen gewinnen, direkt als Feedback in die Unternehmensabsicht einspeisen und in Echtzeit Veränderungen vorschlagen können.

Ohne diese drei Prinzipien können Sie in der heutigen Zeit nicht lange überleben, und spätestens bei der Ankunft der Generation D werden Sie untergehen.

Verwandeln Sie den Traum in Wirklichkeit

Demokratisieren Sie die Technologie. Bestehen Sie darauf, dass die Sprache des Unternehmens verwendet wird, nicht die Programmiersprache der Maschinen. Und bringen Sie den Mitarbeitern im ganzen Unternehmen bei, wie sie direkt und präzise das ausdrücken, was sie erledigt haben wollen. Setzen Sie Technologie ein, die auf der Grundlage dieser Business-Sprache ihren eigenen Code generieren kann. Denken Sie in Schichten wie bei einem Schichtkuchen. Verknüpfen Sie die Daten mit den Absichten, und zwar in Prozessen, die für die Kunden gestaltet sind, damit die Kundenerfahrung nahtlos ist und den Erwartungen und Forderungen der Generation D entspricht. Nutzen Sie ferner die Leistung von Analysesystemen, denn sie unterstützen Ihren Einsatz für die Kunden. Sorgen Sie dafür, dass diese Systeme so aufgebaut werden, dass sie sich anpassen können. Sie dürfen keine Dinosaurier sein, die die Mitarbeiter dazu zwingen, eigene, unkontrollierte Lösungen zu erfinden. Machen Sie die Kooperation zum Grundprinzip und unterstützen Sie die Mehrfachverwendung von Systembestandteilen.

Mit diesen Schritten gelangen Sie zu echter Business-Technologie. Sie sind unter anderem der Grund dafür, dass in manchen Unternehmen die Marketingabteilung bereits mehr Geld für Technologie ausgibt als die IT-Abteilung. Und sie gehen noch weiter.

George Colony, der Gründer und CEO von Forrester Research, plädiert schon seit längerer Zeit für eine Verlagerung weg von der Informationstechnologie und hin zur Business-Technologie sowie weg von den Technologen und hin zu den wirtschaftlich orientierten Mitarbeitern in den Unternehmen. Es »dauert länger als erwartet«, berichtete die Zeitschrift *CIO* bereits im Jahr 2009.[4]

Dennoch ist Colony hier sicherlich einer wichtigen Sache auf der Spur. »Wenn die Abteilung in BT umbenannt wird«, erklärte er damals den Reportern der Zeitschrift *CIO*, »signalisiert der Chef-Technologe – der CIO oder CTO – den Business-Managern und der Unternehmensleitung – dem COO, CEO und dem Board of Directors –, dass seine Leute nicht mehr nur im Technologie-Business sind, sondern im echten Business, eingebunden in die Operationen des gesamten Unternehmens. Ich glaube, dass die Technologieorganisation ihre gesamte Beziehung zum Unternehmen verändern wird, wenn sie ihren Namen in BT ändert und sich ab sofort auf die Operationen des Unternehmens konzentriert. Ich denke, sie würde dann in einer anderen Sprache kommunizieren (der Sprache der Wirtschaft und des Unternehmens), der gegenwärtige Mangel an Kommunikation würde verschwinden und wir hätten ein höheres Kommunikationsniveau im ganzen Unternehmen, das sich um die wirtschaftlichen Probleme und Themen drehen würde. Darüber machen sich die CEOs und die Linienmanager natürlich ohnehin tagtäglich Gedanken, aber die Technologen allzu häufig leider nicht. Die Änderung des Namens von IT zu BT wird sich unter anderem auch auf die Einstellung der IT-Mitarbeiter auswirken und die Beziehungen zwischen den Technikern und den übrigen Mitarbeitern verändern. Ganz sicher.«

Colony hat Recht, aber ohne die zugrunde liegenden Prinzipien, die hier beschrieben werden, wird der Traum von echter Business-Technologie ein Traum bleiben. Wenn die Grundkonzepte nicht erfasst werden, die die Arbeitsweise (oder auch die erwünschte Arbeitsweise) des Unternehmens repräsentieren und bestimmen – wenn sie vor allem nicht in der Sprache der Business-Mitarbeiter erfasst werden –, werden die Systeme weiterhin die Menschen, die mit ihnen arbeiten müssen, enttäuschen. Der Zeitpunkt der Veränderung ist jetzt gekommen.

Der Aufruf von Forrester, sich um das Konzept der Business-Technologie zu scharen, erfolgte zum ersten Mal gegen Ende des letzten Jahrzehnts. Jetzt beginnt die Idee endlich in der Unternehmenswelt Fuß zu fassen und sie wird langsam angenommen. Im Zuge dieser allmählichen Akzeptanz haben die Forrester-Analysten das Konzept noch deutlicher klargestellt und den spezifischen Kontext des »Zeitalters des Kunden« noch betont.

»Die Business-Technologie«, schreibt Peter Burris, »muss eine Funktion werden, die im direkten Kontakt mit dem Kunden zum Einsatz kommt.« Dies sollte für die Leser dieses Buches vertraut klingen. »Moderne Technologien können Erkenntnisse über Kunden erfassen und im Kundenservice genau zum erforderlichen Zeitpunkt einsetzen. Digitale Technologien verbessern die Angebote und leiten das Engagement durch neue digitale Kontaktstellen. Gerade weil die Technologie für die Kundenerfahrung immer wichtiger wird, sollte sich die BT auf das konzentrieren, was die Kunden wollen, und dafür sorgen, dass sie es möglichst reibungslos bekommen.«[5]

Darüber hinaus, schreibt Burris, müssen Unternehmen »Engagement-Systeme« für die Kunden gestalten. »Die Unternehmen sollten das Kundenengagement ganzheitlich betrachten und alle Faktoren einberechnen: die Technologie und die Mitarbeiter, die in direkten Kundenkontakt kommen, die verschiedenen Kanäle, die Angebotspalette und den Kontext der Kunden. Erstellen Sie die Engagement-Systeme von außen nach innen, ausgehend von den Augenblicken, in denen die Kunden ihre Bedürfnisse wahrnehmen und äußern, bis hin zu den Systemen, die diese aufzeichnen.«

Das ist die richtige Richtung. Dennoch: Wenn die Systeme nicht wie bei einem Schichtkuchen aufgebaut werden, die eine Mehrdimensionalität ermöglichen und mit denen die Mitarbeiter auf- und abwärts ebenso gut arbeiten können wie seitwärts in alle Richtungen, werden sie die Mitarbeiter enttäuschen und niemals echte Business-Technologie werden. Wenn die Gemeinsamkeiten der verschiedenen Silos und Kanäle nicht erfasst werden, und wenn die Prozesse die Kundendaten nicht mit den Absichten der Kunden und des Unternehmens verschmelzen, wird die einheitliche und verbesserte Kundenerfahrung, die die Mitarbeiter der Generation D unbedingt bieten müssen, ein Traum bleiben.

Und ohne die Fähigkeit zur Automation von und für die Business-Mitarbeiter wird die Business-Technologie ihr Ziel nicht erreichen. Alles, was durch Automatisierung eine bessere Wirkung erzielen würde, muss automatisiert werden, und zwar auf einfache Art und auf der Grundlage von Business-Metaphern, sodass der notwendige Computer-Code ohne speziell ausgebildete Übersetzer erstellt werden kann.

Ermöglicht wird das Ganze durch ein übergeordnetes Modell der Business-Technologie für die Zukunft. Die Herrschaft der zweidimensionalen Systeme, die keine 1080-HD-Ansichten der Kunden liefern können, muss beendet werden. Wir müssen dahin gelangen, dass sich Entwicklungsdesigns selbst aufbauen. Es geht darum, die Technologie so zu nutzen, dass die bisherige Beziehung zwischen Business und IT beendet wird, die eher der Beziehung eines Laien zu einem Handwerksmeister ähnelte. Sie sollten nie wieder darauf angewiesen sein, dass ein Experte das System für Sie entwirft und ein Meister ein Modell erstellt und anschließend das Endprodukt fertigen lässt. Diese Zeiten – und damit auch diese Rollen der IT – können und werden bald enden.

Und noch etwas wird enden: Eine gewisse Form des *Wahnsinns*, der die gesamte Softwareindustrie durchdringt. In beinahe allen Industriezweigen außer der Softwareprogrammierung ist klar, dass man sich vom Konzept zur Ausführung bewegen muss. Aufgrund dieser Tatsache wurden das computergestützte Design (CAD) und die computergestützte Fertigung (CAM) entwickelt. In so vielen Bereichen werden Computersysteme eingesetzt, um Designs zu erstellen, zu verändern, zu analysieren und zu optimieren. Architekten entwerfen Gebäude mit CAD/CAM. Industriedesigner erstellen alle möglichen technischen Geräte mit CAD/CAM. Die physische Welt wird digitalisiert und alle Menschen verstehen und nutzen dies. In der physischen Welt hat die Technologie ein Stadium erreicht, in dem wir sogar kurz davorstehen, Design direkt mit der Auslieferung zu verbinden. Wir können heute dreidimensionale Modelle erstellen, die sich individuell anpassen und fertigen lassen, und die dann durch eine neue Generation von 3D-Druckern in Echtzeit vor unseren Augen entstehen. Es besteht eine nahtlose Verbindung zwischen dem Standard-Design, der individuellen Anpassung und der Ausführung.

Angesichts dieser Tatsache ist es ziemlich ironisch, dass die Informationstechnologie CAD/CAM geschaffen hat und dass Computer bei der Herstellung fast aller Güter unterstützend eingesetzt werden – *aber ausgerechnet nicht bei Computer-Software!* Denken Sie nur, wie viel Leistung freigesetzt würde, wenn hier dieselben Konzepte angewandt würden und wenn unternehmerisch denkende Menschen festlegen könnten, wie die IT-Systeme der Zukunft aufgebaut sein sollen.

Der Druck wächst

Der Druck, derartige Änderungen vorzunehmen, wird nicht wieder verschwinden. Er wird nur noch stärker und unbarmherziger.

Betrachten Sie im Folgenden die Erkenntnisse, die Accenture Ende 2013 veröffentlichte, die Beratungsfirma, von der bereits in Kapitel 5 die Rede war. Das Unternehmen fasst die Ergebnisse seiner Umfrage »2013 Global Consumer Pulse Survey« in einer faszinierenden Info-Grafik zusammen, die öffentlich zugänglich ist.[6] Die Zusammenfassung liest sich in vieler Hinsicht wie eine Spiel-für-Spiel-Analyse der Art und Weise, wie die Generation D heute bereits auf Ihr Unternehmen einwirkt.

Als Erstes fällt der Hinweis auf die »Ansprüche eines dynamischeren, mächtigeren Verbrauchers« auf (wobei die Generation D der gerade neu hinzukommende Teil dieser Gruppe ist). Die Gruppe bringt »potenzielle Einnahmen von bis zu 5,9 Billionen Dollar ins Spiel«. Warum »ins Spiel«? Rund 66 Prozent dieser Verbraucher »wechselten im vergangenen Jahr in mindestens einem von zehn Industriezweigen die Unternehmen aufgrund von schlechtem Kundenservice« und 82 Prozent »hatten das Gefühl, dass ihr Anbieter den Wechsel hätte verhindern können«.

Währenddessen »nehmen immer mehr Kunden die digitale Technik an« und »mobiler Zugriff beschleunigt diesen Trend« noch. Etwa 89 Prozent nutzen mindestens einen Internet-Kanal, der Durchschnitt liegt jedoch schon bei *drei* digitalen Kanälen, wobei knapp 40 Prozent zumindest in der Hälfte der Fälle ein mobiles Zugangsgerät einsetzen.

Noch aussagekräftiger ist aber vielleicht, dass 51 Prozent der US-amerikanischen Kunden »viel höhere Erwartungen an eine Sonderbehandlung haben, weil sie ›gute‹ Kunden sind«, als noch ein Jahr zuvor. Haben Sie sich schon überlegt, wie Sie »Sonderbehandlung« für Kunden anbieten, die nicht wollen, dass man ihnen Dinge verkauft? Die Generation D wünscht sich von Ihnen, dass Sie sie *entdecken* lassen, dass sie etwas Besonderes sind!

Die Zusammenfassung des Accenture-Berichts geht noch weiter ins Detail und betont, wie entscheidend wichtig es ist, sowohl eine neue Denkweise als auch die richtige Technologie zu übernehmen, damit Sie Ihre Geschäfte auf neue Art abwickeln können. Ein Beispiel: »Mundpropaganda, auch wenn sie über soziale Medien stattfindet, bleibt weiterhin die wichtigste und wirkungsvollste Quelle von Informationen über Unternehmen. Das gilt für alle Industriezweige und sie wird von 71 Prozent der befragten Kunden verwendet.«[7]

Eine riesengroße Lücke muss geschlossen werden: »Die Lücke zwischen der Anwendung digitaler Technologien und der Fähigkeit der Unternehmen, sie zur Verbesserung der Kundenerfahrung zu nutzen, wird dadurch hervorgehoben, dass laut den Ergebnissen der Umfrage in den zehn eingeschlossenen Industriezweigen im Jahr 2013 keine nennenswerten Fortschritte bei der Erstellung individuell zugeschnittener Kundenerfahrungen erzielt wurden. In der Energieversorgungsindustrie gaben nur 18 Prozent der Kunden an, dass ihr Versorger ihnen eine individuell passende Erfahrung bot. Und selbst in der Hotel- und Gaststättenbranche sowie im Privatkundengeschäft der Banken – beides Industriezweige, die als führend in der Erstellung persönlicherer Interaktionen angesehen werden –, erkennen jeweils nur 36 Prozent der Kunden an, dass sie eine auf sie zugeschnittene Erfahrung erhalten.«

Das sollte zur Sicherheit wiederholt werden: »… keine nennenswerten Fortschritte …« Kurz zusammengefasst, schreibt Accenture, »teilt uns unsere Umfrage unter über 12 800 Verbrauchern in 32 Ländern mit, dass die Anstrengungen der Unternehmen nicht weit genug gehen«.

Selbstverständlich sagen weder Accenture noch Forrester Research wörtlich, dass der Himmel einstürzt. Dennoch können Sie die Realität des Klimawandels kurz vor der Kunden-Apokalypse nur auf eigene Gefahr verleugnen. Die Welt Ihres Unternehmens verändert sich. Die Generation D ist der herannahende Handlungsträger in Forresters »Zeitalter des Kunden«. Die Generation D wird schon sehr bald an den Schalthebeln der

Switching Economy (»Wechselwirtschaft«) sitzen – so bezeichnet Accenture den Zustand, dass Kunden bei Unzufriedenheit einfach kurzentschlossen den Anbieter wechseln.[8]

Es gibt ungeheuer zwingende Gründe für rechtzeitiges Handeln, bevor bei den meisten Unternehmen ihre Achillesferse dafür sorgt, dass Sie den Kurs nicht mehr korrigieren und sich nicht mehr rechtzeitig auf die heranstürmende Generation D vorbereiten können. Diese Achillesferse ist die jämmerlich schlechte Arbeit der Technologieanbieter. Sie schaffen es nicht, die Unternehmen mit den nötigen Fähigkeiten zur Innovation und Differenzierung auszustatten, die sie zum Engagement ihrer Kunden benötigen.

Die Technologieanbieter verbringen anscheinend einen Großteil ihrer Zeit mit der Erfindung schöner Geschichten, und daher fließt auch ihr Geld wohl hauptsächlich in möglichst werbewirksame Versionen der Zukunft (beispielsweise den »smarten Planeten«). Das ist jedoch nur ein Ersatz für echte Leistungsverbesserungen. Es ist beinahe wie beim Hütchenspiel an einem Tisch am Straßenrand, nur mit sechs Hütchen. Auf dem einen steht »Sozial«, auf dem anderen »Big Data« und die übrigen vier heißen »Outsourcing«, »Cloud«, »In-Memory Predictive Analysis« und »Mobil«. Die Technologieanbieter hoffen, dass sie die Hütchen so schnell umherschieben können, dass Sie am Ende nicht mehr wissen, unter welchem die »Erbse« der höheren Leistung, Verantwortung und des Profits versteckt ist – falls es überhaupt eine Erbse gibt.

An keinem dieser Hütchen ist an sich etwas falsch, sie hätten sogar beträchtliches Potenzial – wenn sie im richtigen Kontext und unter der Leitung der Business-Mitarbeiter im Unternehmen eingesetzt würden. Das große Problem ist nur, dass keines dieser Hütchen *Sie selbst* sind. Sie enthalten nichts von dem, was Sie über Ihre Märkte, Ihre Kunden, Ihre Produkte, Ihre Methoden, Ihre besten Richtlinien, die Stärken und Schwächen

Ihrer Organisation sowie Ihrer Wettbewerber wissen. Auch Ihre *Absicht* und die *Absicht* Ihrer Kunden fehlen. Und mindestens das Hütchen der Cloud soll sogar die Ansicht bestärken, dass die Software überflüssig geworden sei, weil ein »großer Wechsel« stattgefunden habe.[9]

All die Dinge, die *Ihr* unverwechselbares Unternehmen ausmachen und die noch fehlen, werden Sie niemals durch etwas in Ihre Systeme hineinbekommen, das unter diesen Hütchen verborgen ist. Sie müssen Systeme und Prozesse einrichten und gutheißen, die Ihre digitale DNA in skalierbare Technologien einbauen, welche ein respektvolles Engagement mit den Kunden und eine wettbewerbsfähige Differenzierung ermöglichen. Sie brauchen genau die richtige Kombination aus Klugheit und Muskelkraft, die Sie beweglich macht und die Sie in die Lage versetzt, erfolgreich wahrzunehmen und zu reagieren (wie in Kapitel 4 beschrieben). Und Sie müssen die Arbeitsweise Ihres Unternehmens nachhaltig veränderbar gestalten.

Dies alles führt zu einer Konsequenz, die auf den ersten Blick vielleicht unerwartet erscheint: Die Unternehmen, die die Kunden-Apokalypse nicht nur überleben, sondern mit der Generation D sogar aufblühen werden, *werden in gewissem Sinn selbst Softwareunternehmen sein müssen.*

Dieser Gedanke folgt direkt aus einer Beobachtung von Mark Andreesen, einem der weltweit führenden IT-Spezialisten. Er ist Miterfinder des ersten Web-Browsers Mosaic und Mitgründer von Netscape. Seitdem ist er ein bedeutender Wagniskapitalgeber für neu gegründete Technologiefirmen und ein prominenter Vordenker unserer Zukunft. In einem Artikel im *Wall Street Journal* im Jahr 2011 argumentierte er, dass jede der folgenden Firmen (und noch viele andere, die hier nicht aufgeführt sind) im Grunde eine Softwarefirma sei, auch wenn sie von außen vielleicht nicht so wahrgenommen werde: Amazon, Netflix, iTunes, Spotify, Pandora, Groupon, Skype (die am schnellsten wachsende Telekommunikationsfirma), AT&T und Verizon (die »überlebten, indem sie sich in Softwareunternehmen verwandelten und mit Apple und anderen Smartphone-Herstellern Partnerschaften eingingen«), LinkedIn (»die am schnellsten wachsende Personalvermittlung der heutigen Zeit«) ... und die Liste geht weiter.[10]

Andreesen kommt zu der Schlussfolgerung: »Software frisst die Welt.« Damit meint er, dass »wir uns mitten in einem dramatischen und breit angelegten technologischen und wirtschaftlichen Umbruch befinden, in dem sich Softwarefirmen anschicken, große Teile der Wirtschaft zu übernehmen.«

Sollte Andreesen recht behalten, dann müssen Sie sich tatsächlich in ein Softwareunternehmen verwandeln, wenn Sie die kommende Kunden-Apokalypse überleben wollen. »Unternehmen in jedem Industriezweig«, schreibt er, »müssen davon ausgehen, dass eine Softwarerevolution im Anzug ist. Diese betrifft auch Industriezweige, die schon heute auf Software basieren. ... Im Lauf der kommenden zehn Jahre werden zwischen den Platzhirschen und neuen, von Software angetriebenen Eindringlingen monumentale Schlachten ausgefochten. Joseph Schumpeter, der Ökonom, der den Begriff der ›schöpferischen Zerstörung‹ prägte, wäre stolz.«

Wie wird es sein, sich in ein Softwareunternehmen zu verwandeln? Die Business-Mitarbeiter werden damit beschäftigt sein, die Systeme und Prozesse (also die Software) zu schaffen, die ihr Überleben und Gedeihen fördern. Ebenso wichtig wie die Zulieferkette und wie die Logistik ist auch Software, die *Ihr Unternehmen* spiegelt. Die Software muss *Ihr Markenversprechen* enthalten, *Ihre Unternehmens-DNA*, *Ihren Ethikkodex* und *Ihre authentische Verpflichtung* den Kunden gegenüber.

In der globalen Internet-Wirtschaft, in einer Welt der aufsteigenden Generation D ist es Ihre Software, so, wie sie hier beschrieben wird, durch die Ihre Kunden mit Ihnen in Kontakt kommen und Sie auf die Probe stellen.

Wollen Sie das wirklich einem beliebigen Technologieanbieter überlassen? Oder wäre es Ihnen nicht doch lieber, dass Ihr Unternehmen das selbst erledigt, mit den kombinierten Fähigkeiten Ihrer Business- und IT-Mitarbeiter, die auf neue Weise zusammenarbeiten? Die Wahrscheinlichkeit ist hoch, dass ein Technologieanbieter Ihnen eine vereinfachte Lösung oder eine reduzierte Placebo-App verkaufen will, die zwar eine sofortige, einfache Anwendung verspricht, aber letztendlich nicht das liefert, was Sie brauchen und erwarten. Auf jeden Fall enthält sie nicht Ihre digitale DNA, denn dies ist etwas, das Sie und Ihre Organisation selbst definieren, formen, entwickeln und kommunizieren müssen.

Heute gilt mehr als je zuvor, dass Sie von Amazon, Google und anderen Unternehmen lernen müssen, die begriffen haben, dass technologische Systeme zum Kundenengagement noch viel wichtiger sind als es Systeme zum Operations-Management je waren. Nur so können Sie sich der Realität der kommenden Generation D stellen.

Kurz: Es liegt in Ihrer Verantwortung. Es gibt keine Wunderpille. Sie brauchen alle sechs Hütchen auf dem Kartentisch des Technologieanbieters und müssen sie im Sinne eines digitalen und demokratisierten Unternehmens einsetzen. Und was Sie noch dringender brauchen, ist die Erkenntnis, dass Ihre Kunden – und hier wieder vor allem die Kunden der Generation D – Sie je nach dem »Gefühl«, das Sie ihnen bei der Berührung vermitteln, verurteilen oder liebgewinnen werden. Wenn Ihre Software-Haut weich, empfindsam, authentisch und ansprechend erscheint und sich des Kontexts der Kunden bewusst ist, und wenn sie aufmerksam und respektvoll ihre Absichten anerkennt, werden die Kunden sich auf Sie einlassen. Wenn sie dagegen spüren, dass Sie sich hinter der Technologie verschanzen und sie wie einen Verteidigungswall benutzen, werden sie Sie verurteilen und keines Blickes mehr würdigen.

Andreesen schreibt, die neuen Softwareunternehmen werden »ihren Wert beweisen müssen. Sie müssen eine starke Kultur aufbauen, ihre Kunden verzaubern, einen eigenen Wettbewerbsvorteil etablieren und, ja, ihren steigenden Wert rechtfertigen. Niemand sollte mehr erwarten, dass es einfach ist, eine neue, softwaregetriebene, schnell wachsende Firma in einer etablierten Branche aufzubauen. Es ist brutal schwer.«

Es gibt keine fertigen Anwendungen aus dem Regal, die das für Sie erledigen könnten. Die Software-Systeme der alten Schule – in der Regel unhandliche und monolithische Technologieklötze, wie die Systeme zur Ressourcenplanung, die in den Hinterzimmern der Unternehmen in aller Welt vor sich hin rattern – leiden an einem hoffnungslosen Mangel an Agilität. Und der Versuch, sie zu reaktionsschnellen Systemen umzugestalten, führt oft in eine Katastrophengeschichte, wie sie in diesem Buch mehrfach beschrieben wurde.

Es gibt auch keine App für diesen Zweck. Es gibt keine dieser netten, kleinen Programme für Ihr Smartphone oder Tablet, die ganz spezifische Aufgaben erledigen. Viele der heutigen Apps haben unbestritten zahlreiche bewundernswerte Eigenschaften. Sie sind wunderbar, solange nur eine ganz spezifische Sache erledigt werden muss. Apps sind leicht bedienbar und rufen bei den Kunden oft echte Begeisterung hervor. Doch was das zukünftige Überleben Ihres Unternehmens angeht, müssen Sie sich fragen, ob sie tatsächlich den Kern dessen darstellen, was Sie als richtiges Kundenengagement und effiziente Operationen sowie deren Weiterentwicklung betrachten.

Unternehmen, die meinen, dass sie zum erfolgreichen Engagement der Generation D und zur Sicherung des eigenen Überlebens nichts weiter brauchen als eine App – und sei sie noch so genial –, stecken in großen Schwierigkeiten. Apps sind vom Wesen her in ein Silo gepresst und keineswegs für alle Kanäle geeignet. Keine App kann die Gesamtheit der digitalen DNA eines Unternehmens mit vielen verschiedenen Kanälen repräsentieren. Eine App repräsentiert unmöglich die Einzigartigkeit Ihres Unternehmens und sie ist ganz sicher keine technologische Grundlage, auf der Sie breit angelegtes, langfristiges Kundenengagement und hervorragende Kundenerfahrungen für die Generation D aufbauen können. Eine App ist bestenfalls ein kleine Einzeltaktik, aber niemals eine Strategie.

Wenn es Ihnen jedoch gelingt, Ihren Einsatz für die Kunden, für die heranwachsende Generation D, in Ihren Kundenprozessen und in Ihren Softwaresystemen einzufangen, dann können Sie Erfolg haben, Wettbewerbsvorteile aufbauen und somit überleben.

Sicherlich spüren Sie selbst, dass in der Unternehmensgemeinde eine starke Antipathie gegen die Last der traditionell programmierten Altsysteme herrscht. Nichts könnte wichtiger sein, als die Techniker dazu zu bringen, dass sie sich auf ihre ureigensten Aufgaben konzentrieren und die Leute auf der Business-Seite der Unternehmen ihre Computer und Systeme so gestalten lassen, dass sie genau das tun, was sie brauchen. Die »Wechselwirtschaft« findet genau jetzt statt. Die Zeit bleibt nicht stehen, bis Sie aufgeholt haben. Wenn die »Handwerkszunft-Kultur« der von Hand programmierten Software in diesem Buch besonders schlecht wegkommt, und wenn hier so viel Wert darauf gelegt wird, die klassische Formulierung von Anforderungen für illusorische zukünftige Umstände abzuschaffen, dann liegt das daran, dass wir der Kunden-Apokalypse gegenüberstehen! Sie können einfach nicht gewinnen, wenn die technischen Systeme, die Ihre Engagements mit Kunden, der Generation D oder sonst jemandem unterstützen sollen, auf Anforderungen basieren, die bereits veraltet sind, sobald sie niedergeschrieben werden.

Die Alternative, die hier in diesem Buch propagiert wird, ist folgende: Sie können die digitale DNA Ihres Unternehmens in eine eigene, einzigartige Software gießen, indem Sie Technologie einsetzen, die während der Arbeit lernt, die sich in Echtzeit anpasst und die Ihre besten Vordenker in die Lage versetzt, die Innovation zu beschleunigen.

Ihre nächsten Schritte

Wenn Sie aus diesem Buch nur einige Gedanken mitnehmen, dann sollten es die nun folgenden sein.

Erstens hängt Ihr Überleben als Unternehmen davon ab, ob Sie bereit und in der Lage sind, Ihre Erwartungen zu ändern. Zum Einen müssen Sie die Erwartungen an Ihre Kunden ändern, sowohl die gegenwärtigen als auch die zukünftigen, denn die Kunden haben definitiv völlig neue Erwartungen an Sie. Wie Sie gesehen haben, ist es der aufkommenden Generation D völlig gleichgültig, ob Sie leben oder sterben. Aber Sie können sie als Kunden haben, solange Sie auf eine Art und Weise reagieren, wie Sie es noch nie zuvor getan haben. Die HD-Kundenerfahrung wird der entscheidende Faktor für Ihr Fortbestehen und Wohlergehen in der Welt der Generation D sein.

Darüber hinaus müssen Sie auch alle Erwartungen hinsichtlich der Sicherheit oder Unsicherheit Ihrer Marktposition ändern. Sicher ist nur, dass Sie schon jetzt einer sehr ungewissen Zukunft entgegengehen, wenn Sie Ihre Erwartungen an die Kunden nicht umstellen.

Schließlich müssen Sie noch die Erwartungen in Bezug auf die Fähigkeiten Ihrer Organisation und der Technologiesysteme neu ordnen. Ihre Rettung ist eine Technologie, wie sie in Kapitel 5 beschrieben wurde, gekoppelt mit einer Organisation, die so funktioniert wie in Kapitel 7 dargelegt. Beides in Kombination wird dafür sorgen, dass Sie mit der Generation D in Dialog treten und am Leben bleiben können, während Sie lernen, sich in der von ihr erschaffenen, neuen, schwierigen Welt zurechtzufinden. Lassen Sie sich diese Chance nicht entgehen.

Sie müssen begreifen, dass Technologie heute auf ganz andere Weise eingesetzt werden kann als bisher, und dass Sie damit die Spielregeln verändern können. Sie können Ihr Unternehmen nach einem neuen Modell führen, es müssen keine Programme mehr geschrieben werden. Es ist sogar möglich, ein Unternehmen so aufzubauen, dass es für laufende Veränderungen gerüstet ist. Doch nichts davon wird geschehen, wenn Sie nicht bereit sind, einige hartnäckige Traditionen und Hindernisse zu sprengen, die den Status quo zementieren. Tun Sie dies nicht, wird die Generation D Sie in die Luft jagen.

Dies alles fällt unter den Schirm Ihrer Unternehmenskultur. Sind Sie bereit für eine beziehungsorientierte Kultur? Wenn ja, müssen Sie die Überreste der alten Kultur zerschlagen, die der Entwicklung von Beziehungen im Wege stehen. Sie müssen Beziehungen aufbauen, die die Erfahrungen der Kunden mit Ihrem Unternehmen verbessern und die den Kunden Freude, Spaß und das Gefühl der Entdeckung verschaffen. Sie müssen sich voll und ganz auf den Grundsatz einlassen, dass Sie pragmatische, nahtlose Erfahrungen für Ihre Mitarbeiter und magische Erfahrungen für Ihre Kunden schaffen wollen. Dazu muss sich Ihr ganzes Unternehmen ausnahmslos auf eine neue Kultur umstellen.

Mehr noch: Das Ganze erfordert eine starke Führung, die sich wiederholte Versuche, Experimentierfreude und begrenzte Risiken auf die Fahnen schreibt. Sie können nicht mehr dulden, dass der CFO die alten Fragen stellt, die weder Diskussionen noch Veränderungen zulassen. Sie können auch nur noch einen CIO beschäftigen, der Ihr Unternehmen als Technologie-Unternehmen begreift. Ihr CIO muss aktiv an der Schließung der Kluft zwischen IT und den übrigen Abteilungen arbeiten – es genügt nicht mehr, nur den Arm hinüberzustrecken.

Dem IT-Vordenker Michael Maoz zufolge können Sie für Ihr Unternehmen nichts Besseres tun, als den CIO als verdeckten Kunden auszuschicken. »Stellen Sie sich vor, Ihr CIO hätte die Chance, ein Jahr lang dafür bezahlt zu werden, dass er direkt an der Frontlinie steht und die Kunden bedient«, schreibt er. Er wünscht sich, dass CIOs aus dieser Erfahrung mehr über die Perspektive der Kunden lernten: »[W]ie ist es, ein Kunde zu sein? Wie nimmt der Kunde Ihre Kanal-Strategie wahr? Erleben die Kunden die Erfahrung so, wie Sie es in den Systemen vorgesehen haben?«[11]

»Erfolgreiche Technologie-Vorreiter«, schreiben Colony und Burris, »werden sowohl Wissen über die Kunden besitzen als auch – was vielleicht noch wichtiger ist – eine Leidenschaft für die Aufgabe, sie anzulocken, festzuhalten und gut zu bedienen.«[12] Das ist sehr wahr. Der CIO einer Versicherungsgesellschaft auf Gegenseitigkeit erklärte den Autoren: »Unser Unternehmen weitet die Aufgabe des CIOs dahingehend aus, dass er die Verantwortung für die Kundenerfahrung trägt.«

Und Ihre Mitarbeiter, vom Marketing bis hin zum Kundenservice, müssen begreifen, dass sie in dieser neuen Welt nicht nur mehr Macht haben, sondern auch ihre Effektivität anders messen lassen müssen. Sie müssen auf jeder Ebene bereit sein, den Kontakt mit den Kunden zu suchen und mehr Verantwortung für die wirtschaftlichen Ergebnisse zu übernehmen.

Hinter all dem lauert ein unglaubliches Gefühl der Dringlichkeit. Der nahenden Kunden-Apokalypse, bei der allen voran die Generation D zum Angriff bläst, können Sie nicht dadurch begegnen, dass Sie Ihr Unternehmen einfach mit einer bunten Lackierung aus beliebten sozialen Medien überpinseln, oder dass Sie das Net-Promoter-Konzept übernehmen – ja, nicht einmal dadurch, dass Sie verstärkt auf die Stimmen der Kunden lauschen. Nein: Sie müssen *die strukturellen und im System begründeten Barrieren* für das Überleben und Wachstum Ihres

Unternehmens beseitigen. Dabei muss der Kunde im Zentrum all Ihrer Gedanken stehen, damit Sie dieses Zeitalter des Kunden überleben. Und das alles müssen Sie in einer Welt bewältigen, die für alle Menschen, die älter sind als die Generation D, aus den Fugen geraten zu sein scheint.

Die »Switching Economy« ist eine Welt, in der Kunden manchmal für Untreue belohnt werden – beispielsweise wenn Mobilfunkanbieter Transfergebühren für Wechselkunden bezahlen und dabei die Illusion der Kundenloyalität aushebeln, die durch die bisher mit einem Wechsel verbundenen Reibungen aufrechterhalten wurde. In dieser Welt hat sich auch das Konzept des »Eigentums« an einem Produkt gewandelt: vom in Kapitel 1 beschriebenen Xbox-Fiasko über Spotify und Pandora bis hin zu Beats Music im Internet, wo man (beinahe kostenlos) Musik ausleihen kann, statt sie zu kaufen. Die Generation D hält Eigentum nicht mehr für so wichtig wie ihre Vorgängergenerationen, und dieser Umstand verändert alles.

Das Überleben hängt davon ab, dass Sie *sofort* handeln. »Es wird Zeit, dass Sie auf Sieg spielen, statt nur gegen die Niederlage zu kämpfen.«[13] Es ist Zeit, das schal gewordene Organisationsdenken hinter sich zu lassen, das die Innovation verkrüppelt und die CFOs dazu zwingt, bei der Technologieentwicklung ständig nur in den Rückspiegel zu schauen. Aufgrund der drohenden Zukunft müssen Sie von der Technologie mehr verlangen, als Sie je für möglich gehalten hätten. Alles muss sich wirklich unbedingt und immer nur um die Kundenerfahrung drehen. Und Sie müssen authentisch *sein*, nicht nur authentisch *scheinen*. Echte Authentizität lässt sich nur erreichen, wenn Ihr Kunden-Engagement ein nahtloser Teil der gesamten operationalen Strategie ist.

Dies ist eine gewaltige Herausforderung, vielleicht die größte, der sich Ihr Unternehmen je wird stellen müssen. Niemand weiß jetzt schon, wer die Kunden-Apokalypse überleben wird.

Selbst bei den Unternehmen, die heute bereits die fortschrittlichsten, am stärksten an den Kunden orientierten Maßnahmen aus den Beispielen in diesem Buch getroffen haben, ist das Urteil noch nicht gesprochen. Das Einzige, was hundertprozentig feststeht, ist, dass Sie sich verändern müssen. Wenn Sie nicht begreifen, dass »die Software die Welt verspeist«, wenn Sie nicht die Systeme und Software erschaffen, die die digitale DNA Ihres Unternehmens bestmöglich ausdrücken, und wenn Sie sich nicht das Vertrauen Ihrer Kunden verdienen, indem Sie ihre Machtposition respektieren, dann werden Sie nicht nur die Generation D nicht gewinnen. Die Wahrscheinlichkeit ist sehr hoch, dass Sie dann nicht einmal mehr da sein werden, um Ihr Glück mit den nachfolgenden Generationen zu versuchen.

Jenseits der »Markendämmerung«

Die heutigen Unternehmen können und müssen von der Generation D lernen. Wie dieses Buch beschreibt, können sich diese mächtigen Kunden jederzeit und augenblicklich über sich selbst und über ihre Umwelt informieren. Sie überwachen ihre körperliche Gesundheit und ihre finanzielle Situation und rufen personalisierte Nachrichten und bedarfsgerechte Inhalte ab. Sie nutzen Smartphones, mobile Computer und andere tragbare Geräte wie beispielsweise Kontaktlinsen, mit denen Diabetiker ihren Glukosespiegel beobachten können. Sie nutzen ganz selbstverständlich Shopping-Agenten, die Preise sammeln und vergleichen, und sie tun ihre Unzufriedenheit augenblicklich über soziale Medien kund und dämonisieren Anbieter, die sie enttäuschen. Diese Kunden reagieren nicht mehr bereitwillig auf die herkömmliche Werbung, sind besser informiert und wesentlich anspruchsvoller.

Wie James Surowiecki in *The Twilight of the Brands* (»Markendämmerung«) schrieb, stellt der mächtige, mobile und jederzeit informierte und vernetzte Kunde das Konzept der Markenloyalität auf den Kopf und mischt Werbung und Marketing auf: »Während des Großteils des 20. Jahrhunderts waren die Verbrauchermärkte stabil. Heute dagegen herrscht dort großer Tumult, und jedes Unternehmen ist immer nur so gut wie sein letztes Produkt.«[14]

Surowiecki hat völlig recht, aber er geht nicht weit genug. Sie sind außerdem nur so gut wie Ihre letzte gegenseitige Interaktion mit Ihrem Kunden.

Wenn Sie genauer hinsehen, erkennen Sie, dass der Raum, in dem diese Interaktionen stattfinden, immer virtueller wird. Er wird von Software gestaltet und hergestellt. Ihre Kunden beurteilen Sie nach dieser virtuellen Software-Interaktion, noch bevor sie sich überhaupt mit Ihren Produkten befassen. Auch diese neue virtuelle Ebene ist rasant schnell ausgereift. Früher spielte sie nur eine Nebenrolle, aber heute ist sie bereits das wichtigste Mittel, um mit den Kunden zu kommunizieren und sie zu engagieren. Sie bestimmt und beeinflusst alles, vom personalisierten Marketing und der digitalen Werbung bis hin zu den sozialen Medien und Ihrer Internet-Präsenz. Software ist fundamental wichtig. Sie steuert Ihr Callcenter und die mobilen Apps für Ihre Mitarbeiter und Verbraucher. Sie bildet Ihre Partner und virtuellen Agenten aus und leitet sie an. Ihre Software lauscht, lernt und sagt die Kundenvorlieben vorher. Sie bestimmt den Lebenszyklus der Produkte, sorgt für die Einhaltung der Gesetze und Regeln und stellt die Servicelevel sowie die Effizienz Ihrer Lieferkette sicher.

Und während die Software die massiv wachsende Zahl an Interaktionen bewältigt, repräsentiert sie Ihr Unternehmen ebenso wie Ihre Mitarbeiter aus Fleisch und Blut und Ihre Standorte aus Ziegel und Beton. Dies ist keineswegs so futuristisch und weit hergeholt, wie es vielleicht klingt. Richtig designt, *ist* die Software Ihr Unternehmen – sie ist der Teil Ihres Unternehmens, mit dem die Kunden als Erstes und am häufigsten in

Kontakt treten. In der »Markendämmerung« sorgt sie entweder für die erforderliche Differenzierung oder sie ist der Grund Ihres Scheiterns. Aus diesem Grund ist es so wichtig, dass Sie diese allgegenwärtige und in allen Kanälen als Oberfläche dienende Softwareschicht, über die die Kunden mit Ihnen kommunizieren, so einzigartig gestalten, *wie es außer Ihnen niemand je könnte.*

Die statische Markenidentität ist möglicherweise gerade im Untergang begriffen, aber die immer präsente, unaufhörlich lernende und sich anpassende Software-Kontaktschicht übernimmt ihren Platz, weil Sie immer nur so gut sind wie Ihr aktuelles Engagement. Sie gewinnen keine lebenslangen Kunden mehr, sondern Sie müssen ihr Vertrauen in einem endlosen Strom von »Augenblicken der Wahrheit« immer wieder erneuern. Diese Herausforderung, laufend Vertrauen gewinnen und verdienen zu müssen, ist jedoch das Beste, was Ihnen passieren konnte, weil der zufriedene Kunde auch jedes Mal aktiv für Sie wirbt. Das taten die passiven Markenfans früher nicht in diesem Maß.

Sicher ist es schwer, diese Software so zu gestalten, dass sie ihre Aufgabe perfekt erfüllt. Genau jetzt, wo wir mehr von uns selbst in unsere Software investieren müssten, wollen uns die Technologieanbieter dazu überreden, ihnen alles zu überlassen, was Software für uns tun kann. Der tragische Makel der Software liegt in dem tiefen Kaninchenloch, das die Bruderschaft der Programmierer sich selbst im Lauf der vergangenen 40 Jahre gegraben hat: Sie hält, wie ein Zombie, manuelle Codes am Leben, die eine abstrakte Modellierung und absichtsvolles Denken unmöglich machen.

Bereits vor knapp zehn Jahren beschrieb Jeannette Wing das Problem sehr treffend: »Computer-Denken«, schrieb sie, ist »eine grundlegende Fähigkeit aller Menschen, nicht nur der Informatiker. Wir sollten das Computer-Denken zu den analytischen Fähigkeiten jedes Kindes hinzuzählen, zusätzlich zum Lesen, Schreiben und Rechnen.«[15]

Leider wird Wings Ratschlag weitgehend ignoriert. Stattdessen wird die Jugend von der Handwerkerzunft der Code Academy in die Lehre genommen und muss lernen, Programme in Ruby on Rails und JSON zu schreiben – natürlich per Hand. Die Jugendlichen bilden eine ganze Armee von Menschenopfern, die endlos Nachschub für Vulkaneruptionen und Magmaströme aus handgeschriebenen JavaScript-Programmen liefern. Laut Wing sollte man die Computer am besten so weiterentwickeln, dass ihre Fähigkeiten der »menschlichen Denkweise entsprechen und nicht der Denkweise von Computern. Computer-Denken ist eine menschliche Art, Probleme zu lösen – es geht nicht darum, dass Menschen lernen sollen, wie Computer zu denken. Computer sind dumm und langweilig, Menschen dagegen klug und fantasievoll. Wir Menschen machen die Computer aufregend.«

Wing hat recht: Wenn wir es richtig machen, *können* wir die Computer aufregend gestalten, und Sie können den einzigartigen kulturellen Charakter Ihres Unternehmens einfangen und ihn durch die immer präsente Softwareschicht, die Ihre neue Marke repräsentiert, verkörpern lassen. Aber die Technologieanbieter setzen auf immer noch mehr manuell gefertigte Programme und graben das Loch immer tiefer. Sie können keine Softwareschicht erstellen, die effektiv eine authentische Beziehung mit Ihren Kunden unterhält, wenn Sie es nicht selbst tun. Sie dürfen die Autorenschaft weder aufgeben noch delegieren.

Heute behaupten viele Anbieter auf dem Technologiesektor, dass eines oder mehrere der glänzenden, verlockenden Dinge in der folgenden Liste Ihr Unternehmen auf magische Weise in eine digitale Organisation verwandeln werden:

- Feuern Sie Ihre gesamte IT-Abteilung und setzen Sie ausschließlich auf Software als eine Dienstleistung in der Cloud.
- Investieren Sie in In-Memory-Analysetools, die von Big Data gespeist werden.

Jenseits der »Markendämmerung«

- Feuern Sie die IT-Abteilung und lassen Sie Programmierungsarbeiten in Zukunft im Ausland erledigen.
- Lassen Sie von Ihrer Werbeagentur eine Reihe von Nachahmer-Apps für Mobilgeräte erstellen.
- Engagieren Sie Integratoren von außen, die maßgeschneiderte Lösungen auf der Basis der besten Technologie für Sie erstellen.
- Statten Sie alle Ihre Webseiten im Internet mit den Icons der sozialen Medien aus.
- Verlagern Sie alle Ihre Werbeausgaben auf das, was Ihre Agentur »digitales Marketing« nennt.
- Geben Sie Ihrem CEO ein Konto bei Twitter.
- Und dann stellen Sie eine Wagenladung neuer Mitarbeiter ein, die die Gefühle und Reaktionen in den sozialen Medien verfolgen.

In dieser Liste »Wie werde ich eine digitale Organisation« steckt jedoch ein fundamentaler Fehler. Wo bleibt der Ratschlag, dass Sie Ihre besten Vordenker dazu ermächtigen sollten, zuallererst (und wie in Kapitel 4 beschrieben) über die Erlebnisse der Kunden nachzudenken und diese Erlebnisse dann so zu modellieren, *wie nur sie es können*? Wo sind die Tools und Methoden, die die Software dynamisch, kontextuell relevant, lebendig und authentisch machen? Wo ist das abstrakte und empathische Denken, das dazu erforderlich ist?

Warum sollten Sie Aufgaben ins Ausland vergeben? Warum sollten Sie Ihr Schicksal in die Hand von undifferenzierten Software-Tools in der Cloud legen, die Ihrem Unternehmen keinerlei Einzigartigkeit verleihen? Warum sollten Sie kopfüber in Big Data springen, wenn die zahlreichen vernünftigen Daten, die Sie bereits haben, völlig ausreichen? Warum sollten Sie sich von undifferenzierten mobilen Apps oder digitalem beziehungsweise sozialem Lippenstift ablenken lassen und die tieferen Wurzeln vernachlässigen – die Dinge, die Ihren Mitarbeitern ein echtes Lächeln auf die Lippen zaubern, weil sie den Kunden eine nahtlose Erfahrung bieten können? Und schließlich: Warum sollten Sie in die Falle »IT gegen Business« tappen (schriftliche Anforderungen, die in der Übersetzung ihren ganzen Sinn verlieren), wenn Sie heute abstrakte Modelle und virtuelle Storyboards einsetzen können, die Ihnen jeden manuellen Softwarecode liefern können, den Sie brauchen?

Im ersten Schritt müssen Sie wieder lernen, wie ein Mensch zu denken. Verabschieden Sie sich von der manuellen Programmierung und gehen Sie zum Computer-Denken über. Bringen Sie Ihre besten Mitarbeiter dazu, sich ganz auf die Kunden zu konzentrieren. Vor allem aber dürfen Sie sich nicht von glänzenden, verlockenden Technologien ablenken lassen, die nicht exakt mit Ihren Kernwerten und Strategien übereinstimmen. Ebenso wichtig ist es, dass Sie Ihren Wohlfühlbereich verlassen und beginnen, von außen nach innen zu denken, auch wenn es schwerfällt. Sie dürfen den Kunden keine von innen nach außen entwickelte Software vorlegen, sondern Sie müssen die Software nach dem erstrebenswerten Ziel gestalten, die Hintergrundprozesse der verschiedenen Silos zu automatisieren, sodass es keine überflüssigen, mehrfach vorhandenen Prozesse gibt und die Zykluszeiten und Fehler verringert werden. Diese Dinge sind für die Logistik, die Zulieferkette, das Personal und die Kernoperationen sehr wichtig, aber dennoch handelt es sich dabei bereits um allgemeine Voraussetzungen und keine aufsehenerregenden Differenzierungsmerkmale mehr.

Was tut eine Organisation, wenn der Großteil der Technologieinvestitionen von innen nach außen verplant wird? Sie legt die Last des Kundenengagements ausschließlich auf die Schultern des Chief Marketing Officers und des Kundenserviceteams. Diese Teams verpacken die internen Funktionen mithilfe von Branding, Ladendesign, Werbung und Kundenanalysen so, dass sie ihrer Ansicht nach attraktiv und anziehend auf Kunden wirken. Doch dies ist nichts weiter als eine sehr teure Methode zur Schaufensterdekoration. Die mächtigen Kunden, über die

James Surowiecki schreibt, durchschauen diese Maßnahmen sofort.

Egal, welche Art von Unternehmen Sie haben, Sie werden immer weiter zurückfallen, wenn Sie nicht lernen, wie Sie die Einzigartigkeit Ihres Unternehmens mithilfe einer unmittelbar zugänglichen Software bestmöglich und für die ganze Welt sichtbar zur Schau stellen – seine Authentizität, sein Versprechen, die kollektive Stärke seiner Kultur. Gleichzeitig werden Ihre Einnahmen und Ihre Relevanz rasch sinken.

Die neue Software-Haut, die Sie aus der Markendämmerung herausführt und mit der Sie die Kunden in Zukunft langfristig engagieren, muss *Ihre eigene* Software sein. Sie muss Ihre Werte demonstrieren, Ihren Einsatz und eine tiefe, authentische Empathie mit Ihren Kunden und mit der Art und Weise ihrer Kontaktaufnahme. Sie muss nichts weniger umfassen als die besten Eigenschaften Ihrer Mitarbeiter, Richtlinien und Methoden. Und sie muss gut und stark genug sein, dass Sie sie Ihren Kunden *geben* können. Die Software muss für Ihre Kunden personalisiert sein und sich an den jeweiligen Kontext anpassen. Ihre Kunden werden sie sich zu eigen machen, für ihre Interaktionen verwenden und dadurch das nötige Vertrauen erwerben, durch das sie sich schließlich für eine ständig weitergeführte, ständig lernende, ständig sich anpassende Beziehung zu Ihnen entscheiden. Das bedeutet, dass Ihre Software sich in demselben Maß verändern wird, wie die Beziehung Ihrer Kunden zu Ihnen sich entwickelt.

Sobald Sie es einmal richtigmachen, wird die konstante Veränderung zu Ihrem neuen Normalzustand. Sie werden so weit kommen, dass Sie sie belebend finden. Der Stress weicht und an seine Stelle tritt das lohnende Gefühl zu wissen, dass Sie mit jedem neuen »Augenblick der Wahrheit« das Vertrauen Ihrer Kunden gewinnen, erneuern und bekräftigen. Sie sind immer nur so gut wie Ihre nächste Interaktion oder Ihr nächstes Engagement. Statische Marken (fett, träge und arrogant) stehen vor dem Untergang, aber dank Ihrer Softwareschicht, die Sie mit Ihren Kunden teilen, tritt bei Ihnen eine neue, immer präsente und sich laufend anpassende Marke hervor.

Wie viel Zeit bleibt Ihnen zur Realisierung dieser Vision? Das ist ungewiss. Die klügste Entscheidung wäre, noch heute zu beginnen.

Anmerkungen

Kapitel 1:
Die Kunden-Apokalypse

1 Douglas Coupland: Generation X – Geschichten für eine immer schneller werdende Kultur. Aufbau Verlag, 1994.
2 William Strauss und Neil Howe: *Generations: The History of America's Future, 1584 to 2069*. William Morrow & Co., London, 1991. Siehe auch: Strauss und Howe: *Millennials Rising: The Next Great Generation*. Vintage, New York, 2000.
3 Diane Theilfoldt und Devon Sheef: »Generation X and The Millennials: What You Need to Know About Mentoring the New Generations«. In: *Law Practice Today*, November 2005, unter: www.americanba-rorg.lpm/lpt/ articles/ mgt08044.html#author.
4 »Generation C: An Emerging Consumer Trend and Related New Business Ideas«. In: *Trend Briefing*, Februar 2004, unter: www.trendwatching.com.
5 Siehe zum Beispiel: Larry Weber: *Everywhere: Comprehensive Digital Business Strategy for the Social Media Era*. John Wiley & Sons, Hoboken (New Jersey), 2011.
6 Michael B. Farrell: »E-mail Gets a Cold Shoulder«. In: *Boston Globe*, 29. März 2013.
7 Craig Smith: »How Many People Use 378 of the Top Social Media, Apps & Services«. In: *Digital Market Ramblings*, Februar 2014, unter: expandedramblings.com/index.php/resource-how-many-people-use-the-top-social-media/.
8 Alan L. Wurtzel: Good to Great to Gone: The 60 Year Rise and Fall of Circuit City. New York, Diversion Publishing, 2012.
9 Louis Llovio: »Former Circuit City CEO and Chairman Talks of Company's Demise«. In: *Richmond Times-Dispatch*, 18. Oktober 2012, unter: www.timesdispatch.com/business/former-circuit-city-ceo-and-chairman-talks-of-company-s/article_8e219f23-721b-5a54-b6c2-3e1b35536557.html.
10 James Surowiecki: »Where Nokia Went Wrong«. In: *The New Yorker* Blog, 3. September 2013, unter: www.newyorker.com/online/blogs/currency/2013/09/where-nokia-went-wrong.html.
11 Rick Newman: »4 Lessons From the Demise of Borders«. In: *U. S. News & World Report*, 20. Juli 2011, unter: www.usnews.com/news/blogs/rick-newman/2011/07/20/4-lessons-from-the-demise-of-borders.
12 Sam Gustin: »The Fatal Mistake that Doomed BlackBerry«. In: *Time*, 24. September 2013, unter: http://business.time.com/2013/08/24/the-fatal-mistake-that-doomed-blackberry/.
13 George F. Colony und Peter Burris: »Technology Management in the Age of the Customer«. Forrester Research, Inc., 10. Oktober 2013.
14 Bruce Horovitz: »After Gen X, Millennials, What Should Next Generation Be?«. In: *USA Today*, 3. Mai 2012, unter: usatoday30.usatoday.com/money/advertising/story/2012-05-03/naming-the-next-generation/54737518/1.
15 Dmitry Dragilev: »Xbox One, Netflix, Charles Schwab: Why Consumer Collaboration Is Key in Business«. In: *Wired*, 25. Juni 2013, unter: www.wired.com/insights/2013/06/xbox-one-netflix-charles-schwab-why-consumer-collaboration-is-the-way-to-do-business-2/.
16 Don Mattrick: »Your Feedback Matters – Update on Xbox One«. In:

Xbox Wire, unter: news.xbox.com/2013/06/update.
17 Colony und Burris: »Technology Management«.
18 »Nielsen: Global Consumers' Trust in ‹Earned› Advertising Grows in Importance«. 10. April 2012, unter: www.nielsen.com/us/en/press-room/2012/nielsen-global-consumers-trust-in-earned-advertising-grows.html.
19 Michael Maoz: »How Customer Service Drives Loyalty Through Customer Engagements«. Gartner Research G00256977, 16. Oktober 2013.
20 Fokusgruppen, Cambridge, MA, Dezember 2013.
21 www.facebook.com/pages/United-Airlines-Sucks/216811830719.
22 www.youtube.com/watch?v=5YGc4zOqozo.
23 Dave Carroll: United Breaks Guitars: The Power of One Voice in the Age of Social Media. Carlsbad, CA, Hays House, 2012.
24 Fokusgruppen, Cambridge, MA, Dezember 2013.
25 Fokusgruppen.
26 Zitiert in Kristine Ellis: »Lush«. In: *Retail Merchandiser*, 2011, unter: www.retail-merchandiser.com/index.php/reports/retail-reports/94-lush-2.
27 Fokusgruppen.
28 Fokusgruppen.
29 Fokusgruppen.
30 Fokusgruppen.
31 Peter Burris: »Linking Customer Engagement to Business Capabilities in the Age of the Customer«. Forrester Research, Inc., 21. Oktober 2013.

Kapitel 2:
Tod durch Daten
1 Christy Heady: »Gimmicky Banking Charges Keep Compounding«. In: *The Chicago Tribune*, 13. August 1993, unter: articles.chicagotribune.com/1993-08-13/business/9308130060_1_live-teller-first-chicago-new-fees.
2 Sarah Gordon: »Ryanair Confirms It WILL Bring in Charges for On-Board Toilets«. In: *The Daily Mail* (London), unter: www.dailymail.co.uk/travel/article-1263905/Ryanair-toilet-charges-phased-in.html'ixzz2NS8vjKEn.
3 Dmitry Dragilev: »Xbox One, Netflix, Charles Schwab: Why Consumer Collaboration Is Key in Business«. In: *Wired*, 25. Juni 2013, unter: www.wired.com/insights/2013/06/xbox-one-netflix-charles-schwab-why-consumer-collaboration-is-the-way-to do-business-2/.
4 John Markoff: »Double Helix Serves Double Duty«. In: *New York Times*, 28. Januar 2013, unter: www.nytimes.com/2013/01/29/science/using-dna-to-store-digital-information.html?_r=0.
5 »CRM Software Key Terms«, unter: www.business.com/guides/crm-software-key-terms-34278.
6 Walter Isaacson: *Steve Jobs*. München, btb-Verlag, 2012.
7 Mark Zuckerberg: »Our Commitment to the Facebook Community«. 29. November 2011, unter: www.facebook.com/notes/facebook/our-commitment-to-the-facebook-community/10150378701937131.
8 Kashmir Hill: »How Target Figured Out a Teen Girl Was Pregnant Before Her Father Did«. In: *Forbes*, 16. Februar 2012, unter: www.forbes.com/sites/kashmirhill/2012/02/16/how-target-figured-out-a-teen-girl-was-pregnant-before-her-father-did/.
9 Charles Duhigg: »How Companies Learn Your Secrets«. In: *New York Times Sunday Magazine*, 16. Februar 2012, unter: www.nytimes.com/2012/02/19/magazine/shopping-habits.html?pagewanted=1&_r=2&hp.

Kapitel 3:
Urteilsfähigkeit und Wünsche hinzufügen

1. Marc Beaujean, Jonathan Davidson und Stacey Madge: »The ›Moment of Truth in Customer Service«. *McKinsey Quarterly*, Februar 2006, unter: www.mckinsey.com/insights/organization/the_moment_of_truth_in_customer_service.
2. Bertrand Russell: *The Scientific Outlook*. New York, W. W. Norton & Co., 1931.
3. Penny Crosman: »PNC Builds a Real-Time Marketing Data Hub«, *American Banker*, 21. Oktober 2013, unter: www.americanbanker.com/issues/178_203/pnc_builds_a_real_time_marketing_data_hub-1063015-1.
4. Der Autor bedankt sich an dieser Stelle für die Hilfe der PNC-Bank, die diesen Abschnitt des Buches über die PNC-Bank geprüft hat.
5. Peter Burris: »Business Capabilities in the Age of the Customer«, Forrester Research, Inc., 21. Oktober 2013.
6. »Transforming Customer Service with Real-Time Predictive Analytics«. *Pega's Build for Change Digest*-Podcast, 27. Juli 2012, unter: www.pega.com/resources/transforming-customer-service-with-real-time-predictive-analytics.
7. »Customer Loyalty in Retail Banking«. Bain & Company, Global Edition 2012.
8. Garry Kasparow: »The Chess Master and the Computer«, in: *The New York Review of Books*, 11. Februar 2010.
9. Hartosh Singh Bal: »Chessmate«, in: *International Herald Tribune*, 5. Juni 2012.

Kapitel 4:
Die Umsetzung mithilfe von Kundenprozessen

1. Steve Hawkes: »Tesco Has Lost the Plot, Say Stockbrokers – Neither Value nor Quality«, in: *The Telegraph*, 10. Dezember 2013, unter: blogs.telegraph.co.uk/news/stevehawkes/100250017/tesco-has-lost-the-plot-say-stockbrokers-neither-value-nor-quality/.
2. »Google Acquires Motorola Mobility«, Pressemeldung von Google Investor Relations vom 22. Mai 2012, unter: investor.google.com/releases/2012/0522.html.
3. Michael J. De La Merced: »Did Google Really Lose on Its Original Motorola Deal?«, in: DealB%k Blog, *New York Times*, 29. Januar 2014, unter: dealbook.nytimes.com/2014/01/29/did-google-really-lose-on-its-original-motorola-deal/?_php=true&_type=blogs&smid=tw-dealbook&seid=auto&_r=0.
4. Peter Burris: »Business Capabilities in the Age of the Customer«, Forrester Research, Inc., 21. Oktober 2013.
5. »Credit Unions and PNC Deliver Best Customer Experience in Banking«, in Blog: *Customer Experience Matters*, 23. Februar 2012, unter: experiencematters.wordpress.com/?s=PNC.
6. Corporate Insight: »Online Marketing and Promotion«, in: *Bank Monitor Report* 2012, Januar 2012.
7. Penny Crosman: »PNC Builds a Real-Time Marketing Data Hub«, in: *American Banker*, 21. Oktober 2013, unter: www.americanbanker.com/issues/178_203/pnc-builds-a-real-time-marketing-data-hub-1063015-1.
8. Peter Dahlström und David Edelman: »The coming era of 'on-demand' marketing«. *McKinsey Quarterly*, April 2013, unter: http://www.mckinsey.com/insights/marketing_sales/the_coming_era_of_on-demand_marketing.

Kapitel 5:
Die Wandlung der Einstellung zur Technologie

1. »Accenture Technology Vision 2013: Every Business Is a Digital Business«, unter: www.accenture.com/us-en/technology/technology-labs/Pages/insight-technology-vision-2013.aspx.
2. Lisa Arthur: »Five Years from Now, CMOs Will Spend More on IT Than CIOs Do«, in: *Forbes*, CMO Network, 8. Februar 2012, unter: www.forbes.com/sites/lisaarthur/2012/02/08/five-years-from-now-cmos-will-spend-more-on-it-than-cios-do/.
3. George F. Colony und Peter Burris: »Technology Management in the Age of the Customer«, Forrester Research, Inc., 10. Oktober 2013.
4. BBC: »‹London Whale' Traders Charged in U.S. over $6.2bn Loss«, 14. August 2013, unter: www.bbc.co.uk/news/business-23692109.
5. Chris Isidore und James O'Toole: »JPMorgan Fined $920 Million in ‹London Whale' Trading Loss«, CNN, 19. September 2013, unter: money.cnn.com/2013/09/19/investing/jpmorgan-london-whale-fine/.
6. Ellen Messmer: »Does ‹Shadow IT› Lurk in Your Company?«, in: *Network World*, 8. August 2012, unter: www.networkworld.com/news/2012/080812-shadow-it-261502.html.
7. Jill Dyche: »Shadow IT Is Out of the Closet«, in: *Harvard Business Review*, HBR Blog Network, 13. September 2012, unter: blogs.hbr.org/cs/2012/09/shadow-it-is-out-of-the-closet.html.
8. Siehe www.omg.org.
9. Symantec: »Avoiding the Hidden Costs of the Cloud«. 2013, unter: www.symantec.com/content/en/us/about/media/pdfs/b-state-of-cloud-global-results-2013.en-us.pdf.
10. Das Manifest ist nur wenige Zeilen lang; sie können es lesen unter: http://agilemanifesto.org/iso/de/.

Kapitel 6:
Die Befreiung von der Organisation

1. Lee Fleming: »Perfecting Cross-Pollination«, in: *Harvard Business Review*, September 2004.
2. Carole Rizzo, ehemalige Chief Information Officer von Kaiser Permanente, in einer Rede bei Pega WORLD 2008, Washington, DC.
3. »Telstra Takes Aim at the ›Wow Factor‹ with Its Customer Centric Approach«, im Podcast: *Pega's Build for Change Digest*, 4. Dezember 2013, unter: www.pega.com/resources/telstra-takes-aim-at-the-wow-factor-with-its-customer-centric-approach.
4. Harley Manning und Kerry Bodine: Outside-In: The Power of Putting Customers at the Center of Your Business. Boston, New Harvest, 2012.
5. Unter: www.businessdictionary.com/definition/customer-service.html.
6. Unter: www.investopedia.com/terms/c/customer-service.asp#axzz2IvkyuY4e.
7. Efraim Turban, David Kind, Jae Lee, Merrill Warkentin, H. Michael Chung und Michael Chung: *Electronic Commerce 2002: A Managerial Perspective*. 2. Auflage, Upper Saddle River, NJ, Prentice-Hall, 2002.
8. Jack Speer: »What Is the Definition of Customer Service?«, in: *BizWatch Online*, unter: www.bizwatchonline.com/BWJuly06/article3_0904.htm.
9. Fred Reichheld (mit Rob Markey): *Die ultimative Frage 2.0*. Frankfurter Allgemeine Buch, Frankfurt am Main, 2012.
10. Janette Sadik-Khan: »The Benefits of a Well-Designed City«, in: *Bloomberg Businessweek*, 24. Januar 2013, unter: www.businessweek.com/articles/2013-01-24/janette-sadik-khan-the-benefits-of-a-well-designed-city.

11 Peter Burris: »Business Capabilities in the Age of the Customer«. Forrester Research, Inc., 21. Oktober 2013.

Kapitel 7:
Sie sind Ihre Software – Der digitale Imperativ

1 www.frankbyocbc.com.
2 Peter Dahlström und David Edelman: »The Coming Era of ›On-Demand‹ Marketing« in *McKinsey Quarterly*, April 2013.
3 Penny Crossman: »PNC Builds a Real-Time Marketing Data Hub«, in: *American Banker*, 21. Oktober 2013, unter: www.americanbanker.com/issues/178_203/pnc-builds-a-real-time-marketing-data-hub-1063015-1.
4 Thomas Wailgum: »You Say IT, Forrester Says BT: What's the Difference?« in: CIO, 24. September 2009, unter: www.cio.com/article/503221/You_Say_IT_Forrester_Says_-BT_What_s_the_Difference_.
5 Peter Burris: »The CIO Mandate: Engaging Customers with Business Technology«, Forrester Research, Inc., 15. November 2013.
6 »The Digital Customer: It's Time to Play to Win and Stop Playing Not to Lose«. Accenture, unter: www.accenture.com/us-en/Pages/insight-digital-customer-play-to-win-summary.aspx.
7 »Accenture 2013 Global Consumer Pulse Survey«, Executive Summary, unter: www.accenture.com/SiteCollectionDocuments/PDF/Accenture-Global-Consumer-Pulse-Research-Study-2013-Key-Findings.pdf.
8 Accenture: »The Digital Customer«.
9 Nicholas Carr: The Big Switch: Rewiring the World, from Edison to Google. New York, W. W. Norton & Company, 2008.
10 Marc Andreesen: »Why Software Is Eating the World«, in: *Wall Street Journal*, 20. August 2011, unter: http://online.wsj.com/news/articles/SB10001424053111903480904576512250915629460.
11 Michael Maoz: »What Every CIO Could Learn From Tufts University About Understanding the Customer Experience«, 19. März 2014, unter: blogs.gartner.com/michael_maoz.
12 George F. Colony und Peter Burris: »Technology Management in the Age of the Customer«, Forrester Research, Inc., 10. Oktober 2013.
13 Accenture: »The Digital Customer«.
14 James Surowiecki: »Twilight of the Brands«, in: *New Yorker*, 17. Februar 2014, unter: www.newyorker.com/talk/financial/2014/02/17/140217ta_-talk_surowiecki.
15 Jeannette M. Wing: »Computational Thinking«, in: *Communications of the ACM* 49, No. 3 (2006): S. 33-35.

Stichwortverzeichnis

A Absichten
– Definition 75 ff.
– 1080-Grad-Ansicht der Kunden 140
– Kundenprozesse und 122
– mit Daten kombinieren 75, 78, 101 ff., 119
– Rolle für die Kundenerfahrung 220
Accenture
– Global Consumer Pulse Survey 216 ff.
– Technology Vision 144 f.
Ad Age (Zeitschrift) 16
Adaptives Lernen 93 ff., 100
Adobe Photoshop 207 f.
Agile Softwareentwicklung 170 f.
American Banker (Zeitschrift) 92
American Express 130 ff., 186 ff.
Analysen
– adaptives Lernen und 94
– Trends und Muster untersuchen 94
– Vorhersagemodelle 210 ff.
Andreesen, Mark 220
Anmeldungsvorgänge, abgebrochene 124
Anthropomorphismus 40 ff.
Apple
– Apple Stores 28
– iPhone 22
– iPod und iTunes 65
– Kundeneigenschaften und 17
– Kundenloyalität 29, 35
Assembler-Codes 150
Authentizität
– radikale Authentizität 33
– und Kundenbindung 37
– und Loyalität 34

B Bankenindustrie *siehe auch* einzelne Bankennamen
– Datenmanagement in der 62 ff.
– Finanzsupermarkt-Konzept 62, 106
– Gebührenpolitik 52, 101 f.
– Methode der Next Best Action 92 f.
Banking Analytics Symposium 92
Barings Bank 162
BASIC (Programmiersprache) 150
BB&T Corporation, nahtlose Kundenprozesse 121 ff.
Beacon (Facebook) 67
Best Buy 21
Beweglichkeitsraster 114 ff.
Beziehungspflege (American Express) 133
Big Data
– Datenschutzprobleme 66 ff.
– Definition 55 f.
– für 360-Grad-Ansicht des Kunden 57 f., 70, 86
– und Datenmanagement 56 ff.
– und naturwissenschaftliche Methode 84
Bizwatch Online 185
BlackBerry 23
Blockbuster 23
Bloomberg Businessweek (Zeitschrift) 191
Bodine, Kerry 184
Borders 22
Burris, Peter 25, 32, 99, 128, 214, 227
Bush, Jim 187
BusinessDictionary.com 185
Business-Technologie, Konzept der 212 ff.

C Chief Customer Officer (CCO) 183
Chief Financial Officer (CFO) 189
Chief Information Officer (CIO) 226

Chief Process Officer (CPO)   182
Cinemax   91
CIO (Zeitschrift)   213
Circuit City   21
Citibank   63, 163
Cloud-Computing und Informationstechnologie   168 ff.
COBOL (Programmiersprache)   150
Colony, George   25, 32, 213 f., 227
Computer-Denken   231
Computergestützte Fertigung (CAM)   216
Computergestütztes Design (CAD)   216
Computerprogrammierung *siehe* Programmierung
Coupland, Douglas   16
Customer Care Professionals (American Express)   131, 186
Customer Interaction Management (PNC)   93
Customer Relationship Management (CRM), Konzept   30, 56 ff.

D Dämonisieren oder Verschlingen (Merkmal der Generation D)   31
Daten   52 ff., 74 ff.
– adaptives Lernen und   93 ff.
– Ansatz der Next-Best-Action   89 ff.
– Bezug auf Vergangenheit   59 ff.
– Big Data, Definition   55 f.
– die »sechs W«   74
– Erkenntnisse ordnen   96 ff.
– falsche Nutzung der   64 f.
– Feedback-Schleifen   100
– 360-Grad-Ansicht der Kunden   56 ff.
– 1080-HD-Ansicht der Kunden   140
– Korrelation der   86 ff.
– Kundenverhalten verstehen   52 ff.
– mit Absichten kombinieren   75, 78, 101 ff., 119
– mit Urteilsfähigkeit nutzen   78 ff.

– und das Gefühl der Entdeckung   70
Datensammlung
– und das Gefühl der Entdeckung   70
– unkontrollierte   66 ff.
Datenschutz, Bedeutung für Generation D   48, 67 f., 70
Deep Blue (IBM)   109
Demokratisierung der Technologie   200 ff.
»Die ultimative Frage 2.0« (Reichheld)   187
Digitale Medien, Aufbau in Schichten   207 f.
Drucker, Peter   176

E Empfehlungen, vertrauenswürdige   36
Empfehlungssuchmaschinen   48
Engagement der Kunden   186 ff.
Entdecker
– Kunden als   45 ff.
– trotz Datensammlung   70
Entscheidungsprozesse, adaptives Lernen für   93 ff.
Erinnerungen, Daten als   59 ff., 74
Erkenntnisse
– Feedback-Schleifen   100
– richtig ordnen   96 ff.
Europäisches Bioinformatik-Institut   55

F Facebook   36, 67
Farmers Insurance   119
– Beispiel für Kundenprozess   80, 82
– University of Farmers   80
Feedback in Kundenprozessen   131 f.
Feedback-Schleifen und adaptives Lernen   100
First National Bank of Chicago   52 f.
Fleming, Lee   177

Fluggesellschaften,
Servicegebühren 53
Forbes (Zeitschrift) 145
Forrester Research 99, 213 f., 218
Fortran (Programmiersprache) 150
FRANK (OCBC-Bank) 197 f.
Franklin, Benjamin 33
Führung
– Beziehung zum IT-Management 149, 154, 180 f.
– Business-Technologie-Konzept 212 ff.
– neue Ausrichtung der 182 ff.
– neue Positionen 182 ff.
– Rolle des CFO 189 ff.
– Unternehmenskultur und 225 ff.

G Gebühren als Provokation der Kunden 27
General Motors 26
Generation C
– Definition 16 ff.
– Macht der 25 ff.
Generation D
– Definition 30 ff.
– Merkmal Verschlingen-oder-Dämonisieren 31, 35
– Reaktion auf Werbung 43, 45
– und Datenschutz 48, 67 f., 70
Generation X 16
Generation Y 16
Generation Z 30
Geschäftsbedingungen als Provokation der Kunden 31
Gesundheitsdienstleister, Kundenprozesse 134 f.
Global Consumer Pulse Survey 2013 216 ff.
Global Transaction Services (Citibank) 163
Google 116 f.

H Hagen, Paul 184
Harvard Business Review (Zeitschrift) 177

HD-Panoramaansicht, Kundenprozesse als 139
Howe, Neil 16
Hybrid-Konzept 176 ff.
Hypothesen
– auf die Probe stellen 86
– Macht der 86 ff.

I IBM
– Deep-Blue-Schachexperiment 109
– Kundeneigenschaften und 17
Iksil, Bruno 162
Informationstechnologie
– agile Softwareentwicklung 170 f.
– Bedeutung der 144 ff.
– Beziehung der Führung zur 172 ff.
– Demokratisierung der 200 ff.
– Entwicklung der Programmierung 149 ff.
– Fokussierung auf Kunden 230 ff.
– in Schichten gestalten 202 ff.
– Konzept der Business-Technologie 212 ff.
– manuelle Systeme 160 f.
– Model Driven Architecture (MDA) 166
– Outsourcing der Entwicklung 167
– Portfoliomanagementprozess 158
– problematische Lösungen 166 ff.
– Prozess der Softwareentwicklung 153 ff.
– Schatten-Systeme 165
– unkontrollierte Systeme 163 f.
– Unterstützung der Veränderungen 196 ff.
– vorausschauende Analysen 93 ff., 101 ff., 210 ff.
– Wasserfallmodell 156
– Zombie-Systeme 158 f.
Informationstechnologie-Management, Beziehung zur Unternehmensleitung 149, 154, 180 f.
ING Polen 179
Inhalt, produziert von Generation C 17

Instagram 38
International Herald Tribune (Zeitung) 110
Internet
– Kritikforen im 21, 31
– Provokation durch Werbung 43, 45
iPhone 22
iPod 65
iTunes 65

J Java (Programmiersprache) 152
Jobs, Steve 64
JPMorgan 162

K Kasparow, Garry 109
Kausalität in Datenbeziehungen 86 ff.
Kemeny, John 151
Korrelation der Daten 86 ff.
Kritik von Kunden im Internet 21, 31
Kunden *siehe auch* Kundenprozesse
– Abwanderung 21 ff.
– als Entdecker 45 ff.
– Anthropomorphismus und 40 ff.
– der Generation C 16 ff.
– der Generation D 30 ff.
– Engagement statt Service 186 ff.
– Erwartungen der 19 f.
– Fokussierung und Technologie 230 ff.
– 360-Grad-Ansicht 56 ff., 61, 64, 139
– 1080-HD-Ansicht 140
– Kritik im Internet 21, 31
– Loyalitätssysteme 33 ff.
– Macht der 25 ff., 32, 97
– Management der Beziehung zu 30, 56 ff.
– Provokationen 27 f., 31, 43
– Verhalten analysieren 52 ff., 139 f.
– vertrauenswürdige Empfehlungen 36
Kunden-Apokalypse 16, 30

Kundenbeziehungen, Management der 30, 56 ff.
Kundenerfahrung verbessern *siehe auch* Veränderungen 216 ff.
Kundenprozesse 114 ff.
– als HD-Panoramaansicht 139, 141
– Ausführung 118 ff.
– Beweglichkeitsraster für 114
– Daten und Absichten nutzen 119
– Definition 115
– Modellierung überwinden 127 f.
– nahtlose 123 ff.
– Prinzipien für 123 ff., 138
– traditionelle Systeme ändern 121 ff.
– unternehmensweit einheitlich 129 ff.
– von außen nach innen gestalten 117, 135 f.
Kundenservice
– Daten und 56 ff.
– Eigenverantwortung für Mitarbeiter 101 ff.
– Gebühren für 52 f.
– Rolle neu gestalten 184, 186 f.
Kurtz, Thomas 151

L Larrimer, Karen 92, 211
Leeson, Nick 162
Lenovo Group 117
Lernprozesse
– adaptive 93 ff.
– Feedback-Schleifen 100
Loyalität
– erzeugen 28
– Markenloyalität 230
– nicht vorhandene 21 ff.
– »Switching Economy« 219
Loyalitätssysteme 33 ff.
Lush 40 ff., 45

M Macht der Kunden 25 ff., 32, 97
Mandela, Nelson 38

Stichwortverzeichnis

Manifest für agile Softwareentwicklung 171
Manning, Harley 184
Manuelle-IT-Systeme 160 f.
»Markendämmerung« (Surowiecki) 229
Markenloyalität 40, 230
Maschinen-Codes 150
Mattrick, Don 32
McDonald, Peter 182
McKinsey & Company 83
McNamara, Stephen 53
Merck 134
Microsoft
– Kundeneigenschaften und 17
– Übernahme von Nokia 22
– Xbox One 31, 54
Millennium-Generation 16
Minority Report (Film) 43
Mobilfunkanbieter *Siehe auch einzelne Anbieter*
– Gebühren 27
Model Driven Architecture (MDA) 166
Modelle
– analytische Vorhersagemodelle 210 ff.
– überwinden 127 f.
»Monumentales Scheitern« 37
Motorola Mobility 116 f.
Mundpropaganda 35 ff.
Musikindustrie, Datennutzung in der 64 f.

N Nachrichten, soziale Medien als Quelle 38
Naturwissenschaftliche Methode 84
Netflix 23 f., 54, 220
Net Promoter Score (NPS) 188
Newman, Rick 23
New York Times (Zeitung) 69
Next Best Action 89 ff., 209
Nielsen Global Trust in Advertising Survey (Umfrage) 36
Nokia 22

O Object Management Group (OMG) 166
OCBC-Bank 106 f., 197 f.
Organisation, Daten richtig ordnen 96 ff.
Outsourcing, Softwareentwicklung im Ausland 167

P Playchess.com 109
PNC Financial Services Group 92 f., 95, 119, 211
Pole, Andrew 69
Portfoliomanagementprozess (IT-Systeme) 158
Programmierung
– Entwicklung der 149 ff.
– Outsourcing der 167
Provokationen
– Gebühren 27
– Geschäftsbedingungen 31
– Werbung 43
Prozessmodelle überwinden 127 f.
Prudential Group Insurance 129

R Reichheld, Fred 187
Relationship Care (American Express) 133
Russell, Bertrand 85
Ryanair 53

S Sabathia, C. C. 77, 108
Sadik-Khan, Janette 191
Schatten-IT-Systeme 165
Scheef, Devon 17
Schichten, Technologie gestalten in 202 ff.
Schumpeter, Joseph 221
Scientific Management (Taylorismus) 53
Sechs »W« 74, 114
Singh Bal, Hartosh 110
Software
– agile Entwicklung 170 f.
– traditioneller Entwicklungsprozess 153 ff.

Softwareunternehmen, Technologieunternehmen als   220 f., 223
Sony   64 f.
Soziale Medien
– als Informationsquelle   38
– Datennutzung durch   67 f.
– Kundenloyalität   35 ff.
– Nutzung durch Kunden   17 ff.
Strauss, William   16
»Suck-Sites«   21
Sun Microsystems   152
Surowiecki, James   22, 229
Switching Economy   219, 228

T Target   68
Taylor, Frederick Winslow   53
Taylorismus (Scientific Management)   53
Technologie *siehe* Informationstechnologie
Technology Vision (Accenture)   144 f.
Telefonbanking, First National Bank of Chicago   52 f.
Telerx   134
Telstra   182
Tesco   116
Theilfoldt, Diane   17
Time (Zeitschrift)   23
TravelMail   53
Trends erkennen   64, 94
Tumblr   38

U U.S. News & World Report   23
»United Breaks Guitars« (Video)   37
Unkontrollierte IT-Systeme   163 f.
Unternehmenskultur   176, 225 ff.
Unternehmensleitung *siehe Führung*
Urteilsfähigkeit, Daten nutzen mit   78 ff.

V Veränderungen   176 ff., 196 ff.
– analytische Vorhersagemodelle   210 ff.
– Anpassung der Unternehmen an   49 f.
– Beziehung zwischen IT und anderen Mitarbeitern   172 ff., 180 f.
– Business-Technologie-Konzept   212 ff.
– Demokratisierung der Technologie   200 ff.
– der Unternehmenskultur   225 ff.
– durch Lebenskraft von Hybriden   176 ff.
– Fokussierung auf Kunden   234 ff.
– Führung neu ausrichten   182 ff.
– Kundenerfahrung verbessern   216 ff.
– Prinzipien für Kundenprozesse   138
– Rolle des CFO   189 ff.
– Rolle des Kundenservice   184 ff.
– Technologie in Schichten gestalten   202 ff.
– Technologieunterstützung für   196 ff.
– und Markenloyalität   230
Verschlingen-oder-Dämonisieren (Merkmal der Generation D)   31, 35
Vertrauenswürdige Empfehlung   36
Vodafone   97, 99, 108, 119
Voicemail-Automaten   53
Vorausschauende Analysen   93 ff., 101 ff.
Vorhersagemodelle
– adaptives Lernen   93 ff.
– analytische   210 ff.

W Wagoner, Rick   26
Wahrnehmung   114 f.
Walker, Rob   78, 210
Wall Street Journal (Zeitung)   220

Wasserfallmodell (IT-Systeme)   156
Werbung
– als Provokation für Generation D   43, 45
– Empfehlungssuchmaschinen   48
– Reaktion der Generation D auf   43 ff.
Wing, Jeannette   231
Wolverton, Mark   42
»Write once, run anywhere« (WORA)   152

Wünsche mit Absichten kombinieren   75 f.
Wurtzel, Alan L.   21

x   Xbox One   31, 54

y   Yelp   20
YouTube
– Kundenbeschwerden auf   37
– Werbeanzeigen in   43, 45

z   Zombie-Systeme   156, 158 f., 206
Zuckerberg, Mark   67